轻松掌握 Creo 中文版模具设计

刘畅　等编著

机械工业出版社

本书详细介绍了 Creo 软件的模具设计技巧。本书采用实例引导介绍了模具设计的核心技法，主要内容包括 Creo 模具设计基础、Creo 模型的准备、模型的装配与布局、模具分型面设计、成型零件的分割与抽取、EMX 7.0 模架与标准件设计、浇注系统设计、侧向分型与抽芯机构设计、冷却系统设计、推出机构设计、模具工程图设计。

　　本书定位初学者，旨在帮助三维造型工程师、模具设计师、模具制造者、家用电器设计者打下良好的二维制图基础，同时让读者学习到相关专业的基础知识。本书内容精辟，易学易懂，是一本不可多得的好书。

图书在版编目（CIP）数据

轻松掌握 Creo 中文版模具设计/刘畅等编著. —北京：机械工业出版社，2012.7

ISBN 978-7-111- 39517-1

Ⅰ.①轻…　Ⅱ.①刘…　Ⅲ.①模具—计算机辅助设计—应用软件　Ⅳ.①TG76-39

中国版本图书馆 CIP 数据核字（2012）第 196437 号

机械工业出版社（北京市百万庄大街 22 号　邮政编码 100037）
策划编辑：曲彩云　责任编辑：曲彩云
责任印制：杨　曦
北京中兴印刷有限公司印刷
2012 年 10 月第 1 版第 1 次印刷
184mm×260mm · 19.25 印张 · 476 千字
0 001—4 000 册
标准书号：ISBN 978-7-111-39517-1
　　　　　ISBN 978-7-89433-618-7（光盘）
定价：48.00 元（含 1DVD）

凡购本书，如有缺页、倒页、脱页，由本社发行部调换
　　　　　　　　　　　　　策划编辑：（010）88379782
电话服务　　　　　　　　　网络服务
社 服 务 中 心：（010）88361066　教 材 网：http://www.cmpedu.com
销 售 一 部：（010）68326294　机工官网：http://www.cmpbook.com
销 售 二 部：（010）88379649　机工官博：http://weibo.com/cmp1952
读者购书热线：（010）88379203　**封面无防伪标均为盗版**

前　言

Creo 是 PTC 全新推出的设计软件版本，旨在为使用 CAX 软件的用户解决长期困扰他们的问题，从而推动企业释放内部的巨大潜力。

Creo 带来 4 项突破性的技术，一举解决在可用性、互操作性、技术锁定和装配管理方面积聚已久的难题。通过解决在以前的设计软件中未解决的重大问题，Creo 使用户能够释放创意、促进协作和提高效率，最终实现价值，同时释放内部的潜力。

本书详细介绍 Creo 软件进行模具加工设计技巧。本书内容精辟，易学易懂，是一本不可多得的好书。

本书以模具设计作为引线，全书共分 11 章，各章内容介绍如下：

第 1 章：模具基础知识，使读者了解模具设计中的共性特征和模具设计理论与 Creo Parametric 1.0 模块间的对象功能，从而达到理解 Creo Parametric 1.0 模具解决方案的目的。

第 2 章：模型准备知识，是 Creo 模具设计的第一个环节，也是模具设计的模型准备过程中不可或缺的部分。最重要的是，通过塑料顾问分析，可以获得优良的模具设计方案，这也为后期的设计与制造提供了宝贵的参考意见，需要好好地掌握。

第 3 章：Creo 的布局设计、模型收缩率的设置及毛坯工件的功能应用，同时也介绍了其操作方法。

第 4 章：有关模具分型面的设计知识。从理论基础部分可以学习到分型面是什么，Creo 中有哪些分型面设计工具，如何合理设计分型面等。

第 5 章：重点就是如何定义模具体积块，在后面的侧向分型机构一章中所涉及的滑块头，也是通过定义模具体积块来完成创建的。

第 6 章：EMX 7.0 的界面环境、项目的创建与编辑、模架组件的加载与编辑、模具元件的加载与编辑等知识。

第 7 章：关于模具浇注系统的理论知识，这些知识既可以帮助大家合理地设计，也可以让读者更详尽地了解浇注系统。还可以让读者牢记如何利用 UG 进行浇注系统设计。

第 8 章：侧向抽芯机构的分类、抽芯距和抽拔力的计算及各类抽芯机构的设计。

第 9 章：模具温度调节系统（冷却系统）的作用、设计原则、冷却系统、加热系统等，并重点介绍了型腔、型芯冷却系统的结构设计。

第 10 章：推出机构的组成、分类、推出力的计算和各种常用的机动推出机构。

第 11 章：有关工程图建立的知识，通过这一章的学习，用户应该能够建立标准的工程图，能够建立成型零件视图，对于建立的视图能够按要求进行编辑以及尺寸、注释、几何公差、表面粗糙度等的标注。

本书定位初学者，旨在帮助三维造型工程师、模具设计师、模具制造者、家用电器设计者打下良好的二维制图基础，同时让读者学习到相关专业的基础知识。

本书由刘畅、潘文斌、王瑞东、蔡云飞、李燕君、何智娟、李明哲、周丽萍、李达、谢世源、黄浩、宿圣云、宋继中共同编写。

感谢您选择了本书，希望我们的努力对您的工作和学习有所帮助，也希望您把对本书的意见和建议告诉我们（邮箱：pcbook@126.com）。

编　者

目　录

前言
第1章　Creo 模具设计基础 1
　1.1 为何要学习模具设计？ 2
　1.2　模具设计简介 2
　　1.2.1 模具种类 2
　　1.2.2 模具的组成结构 3
　　1.2.3 模具设计与制造的一般流程 6
　1.3　模具设计问题及解决方法 7
　　1.3.1 塑料件的设计 7
　　1.3.2 分型面设计 10
　　1.3.3 模具设计依据 12
　1.4　Creo 模具设计流程 12
　1.5　Creo 模具设计专用术语 13
　　1.5.1 设计模型 13
　　1.5.2 参照模型(参考模型) 14
　　1.5.3 自动工件 14
　　1.5.4 模具组件 15
　　1.5.5 模具装配模型 15
　1.6　Creo parametric 1.0 简介 16
　　1.6.1 Creo 基本功能 16
　　1.6.2 Creo 的模具设计界面 18
　　1.6.3 模具设计环境配置 20
　1.7　设置工作目录 21
第2章　Creo 制作模型的准备 23
　2.1　Creo 模型的概念 24
　2.2　模型的基本测量 25
　　2.2.1 距离 25
　　2.2.2 长度 26
　　2.2.3 角度 26
　　2.2.4 直径（半径） 27
　　2.2.5 面积 28
　　2.2.6 体积 28
　2.3　模具分析与检查 28
　　2.3.1 脱模斜度检查 29
　　2.3.2 等高线检测 30
　　2.3.3 厚度检测 30

    2.3.4 分型面检查 32

    2.3.5 投影面积 33

  2.4 设置模型精度 33

  2.5 Creo1.0 Plastics Advisers 模流分析 35

    2.5.1 Plastics Advisers 的安装 35

    2.5.2 Plastics Advisers 分析流程 36

    2.5.3 符合塑料顾问的分析要求 36

    2.5.4 塑料流动基础 37

    2.5.5 Creo 塑料顾问 41

  2.6 动手操练 44

    2.6.1 模型预处理分析 44

    2.6.2 塑料顾问分析 47

第3章　学习模型的装配与布局 58

  3.1 模型装配设计概述 59

    3.1.1 参考模型类型 59

    3.1.2 Creo 的三种模型 59

    3.1.3 模腔数的计算 60

    3.1.4 模腔的布局类型与方法 62

  3.2 模型的布局 65

    3.2.1 定位参考模型 65

    3.2.2 参考模型的起点与定向 68

    3.2.3 装配参考模型 73

    3.2.4 创建参考模型 74

  3.3 工件与收缩率概述 74

    3.3.1 毛坯的选择 74

    3.3.2 工件尺寸的确定 75

    3.3.3 模型收缩率的计算 76

  3.4 应用收缩 77

    3.4.1 按尺寸收缩 77

    3.4.2 按比例收缩 77

  3.5 Creo 工件 79

    3.5.1 自动工件 79

    3.5.2 装配工件 79

    3.5.3 手动工件 80

  3.6 动手操练 81

    3.6.1 装配参考模型 81

    3.6.2 创建参考模型 84

    3.6.3 定位参考模型 86

第4章　模具分型面设计方法 89

4.1 分型面概述 90
    4.1.1 分型面的形式 90
    4.1.2 分型面的表示方法 90
    4.1.3 分型面的选择原则 91
4.2 Creo 分型面的设计工具 94
4.3 自动分型工具 95
    4.3.1 轮廓曲线 95
    4.3.2 裙边分型面 97
    4.3.3 阴影分型面 98
4.4 手动分型工具 99
    4.4.1 拉伸分型面 99
    4.4.2 旋转分型面 99
    4.4.3 填充曲面 100
    4.4.4 复制几何 101
    4.4.5 延伸分型面 102
4.5 模型补孔工具 104
    4.5.1 边界混合 105
    4.5.2 N 侧曲面 107
4.6 Creo 分型面编辑 108
    4.6.1 合并分型面 108
    4.6.2 修剪分型面 109
    4.6.3 镜像分型面 110
4.7 动手操练 111
    练习一：单放机后盖分型面设计 111
    练习二：线盒分型面设计 117
第 5 章 成型零件的分割与抽取方法 122
5.1 成型零件分割概述 123
    5.1.1 型腔与型芯结构 123
    5.1.2 小型芯或成型杆结构 124
    5.1.3 螺纹型芯和螺纹型环结构 125
5.2 分割模具体积块 127
    5.2.1 以分型面分割体积块 128
    5.2.2 编辑模具体积块 129
    5.2.3 修剪到几何 130
    5.2.4 模具体积块的编辑 131
5.3 模具元件 132
    5.3.1 抽取型腔镶件 132
    5.3.2 装配模具元件 133
    5.3.3 创建模具元件 133

5.3.4 实体分割 134

5.4 创建铸模 134

5.5 模具开模 135

5.6 动手操练 136

    练习一：发动机外壳模具的分割与抽取 136

    练习二：菜篮模具分割与抽取 140

第6章 EMX7.0 模具专家系统 146

6.1 EMX7.0 简介 147

    6.1.1 EMX7.0 的安装与设置 147

    6.1.2 EMX7.0 界面介绍 150

    6.1.3 EMX7.0 的模具设计流程 151

6.2 EMX7.0 项目 151

    6.2.1 新建项目 151

    6.2.2 修改项目 152

    6.2.3 为模具元件分类 152

    6.2.4 项目完成 153

6.3 模架组件 153

    6.3.1 载入 EMX 组件 154

    6.3.2 编辑模架组件 155

    6.3.3 定义型腔切口 156

    6.3.4 装配/拆解元件 156

6.4 元件（模具标准件） 156

    6.4.1 定义元件 156

    6.4.2 修改元件 160

    6.4.3 删除元件 160

6.5 材料清单 161

6.6 模架开模模拟 162

6.7 模架的标准与选用 162

    6.7.1 中小型模架 163

    6.7.2 大型模架 166

    6.7.3 大型模架的尺寸组合 167

    6.7.4 中小型模架的尺寸组合 168

    6.7.5 模架的选用方法 169

6.8 动手操练 171

第7章 浇注系统设计方法 177

7.1 模具浇注系统设计概述 178

    7.1.1 浇注系统的组成与作用 178

    7.1.2 主流道的设计 179

    7.1.3 分流道的设计 180

　　　　7.1.4　浇口的设计 182
　　　　7.1.5　冷料穴的设计 185
　　7.2　模具排气系统设计 187
　　　　7.2.1　排气系统的作用 187
　　　　7.2.2　排气形式 187
　　7.3　Creo 浇注系统设计 188
　　　　7.3.1　在成型零件设计阶段创建流道特征 189
　　　　7.3.2　在模架设计环境中创建流道特征 191
　　　　7.3.3　在 EMX 中加载浇注系统组件 193
　　7.4　动手操练 195
第 8 章　侧向分型与抽芯机构设计方法 203
　　8.1　侧向抽芯机构的分类 204
　　8.2　计算抽芯距和抽拔力 204
　　　　8.2.1　抽芯距 204
　　　　8.2.2　抽拔力 204
　　8.3　斜销侧向抽芯机构设计 205
　　　　8.3.1　工作原理 205
　　　　8.3.2　斜销 206
　　　　8.3.3　楔紧块 207
　　　　8.3.4　滑块 208
　　　　8.3.5　导滑槽 208
　　　　8.3.6　滑块的限位 209
　　　　8.3.7　先行复位机构 209
　　8.4　弯销侧向抽芯机构设计 210
　　　　8.4.1　弯销外侧抽芯机构 211
　　　　8.4.2　弯销内侧抽芯机构 211
　　8.5　斜滑块侧向抽芯机构 211
　　　　8.5.1　斜滑块外侧抽芯机构 211
　　　　8.5.2　斜滑块内侧抽芯机构 212
　　　　8.5.3　斜滑块 212
　　8.6　斜杆侧向抽芯机构 214
　　　　8.6.1　斜杆外侧抽芯机构 214
　　　　8.6.2　斜杆内侧抽芯机构 214
　　8.7　齿轮齿条侧向抽芯机构 215
　　　　8.7.1　利用开模力实现齿轮齿条的斜向抽芯机构 215
　　　　8.7.2　利用推出力实现齿轮齿条的斜向抽芯机构 215
　　　　8.7.3　利用齿轮齿条抽芯机构实现弧形抽芯 215
　　8.8　手动抽芯机构 216
　　　　8.8.1　开模前手动抽芯机构 216

    8.8.2 开模后手动抽芯机构 216

  8.9 液压气动抽芯机构 217

    8.9.1 液压抽芯机构 217

    8.9.2 气动抽芯机构 217

  8.10 Creo 侧向抽芯设计 218

    8.10.1Creo 滑块设计 218

    8.10.2EMX 滑块机构 218

  8.11 动手操练 219

第 9 章   冷却系统设计方法 228

  9.1 冷却系统设计概述 229

    9.1.1 冷却系统的重要性 229

    9.1.2 常见冷却水路结构形式 229

    9.1.3 冷却系统设计原则 230

    9.1.4 型腔冷却系统结构 232

    9.1.5 型芯冷却系统结构 234

  9.2 EMX 冷却系统设计 235

    9.2.1 成型零件的冷却水路设计 235

    9.2.2 动、定模板的冷却水路设计 236

  9.3 动手操练 238

第 10 章   推出机构设计方法 249

  10.1 推出机构的组成和分类 250

    10.1.1 组成 250

    10.1.2 分类 250

  10.2 一次推出机构 251

    10.2.1 推杆推出机构 251

    10.2.2 推管推出机构 252

    10.2.3 推件板推出机构 253

    10.2.4 推块推出机构 254

    10.2.5 成型零件推出机构 254

    10.2.6 气动推出机构 255

    10.2.7 多元件联合推出机构 256

  10.3 二次推出机构 256

  10.4 定模设推出机构 258

  10.5 自动拉断点浇口推出机构 260

  10.6 自动卸螺纹推出机构 261

    10.6.1 强制脱螺纹机构 262

    10.6.2 手动脱螺纹机构 262

    10.6.3 齿轮齿条脱螺纹机构 263

    10.6.4 大升角螺纹脱螺纹机构 264

　　　　10.6.5 气、液压驱动的脱螺纹机构 ………………………………………… 264
　　　　10.6.6 电动机驱动的脱螺纹机构 ………………………………………… 264
　　10.7 EMX7.0 推出机构设计 ………………………………………………… 265
　　　　10.7.1 在成型零件中创建顶杆孔 ………………………………………… 265
　　　　10.7.2 加载顶杆 …………………………………………………………… 266
　　　　10.7.3 加载斜顶机构 ……………………………………………………… 266
　　10.8 动手操练 ………………………………………………………………… 267
第 11 章　模具工程图设计方法 …………………………………………………… 270
　　11.1 Creo 模具图样模板 ……………………………………………………… 271
　　　　11.1.1 图样的选择与设置 ………………………………………………… 271
　　　　11.1.2 图样模板的生成 …………………………………………………… 271
　　11.2 Creo 工程图的配置文件 ………………………………………………… 275
　　　　11.2.1 配置文件选项 ……………………………………………………… 275
　　　　11.2.2 系统自动装载的文件 ……………………………………………… 276
　　　　11.2.3 编辑配置文件 ……………………………………………………… 277
　　11.3 动手操练 ………………………………………………………………… 282
　　　　11.3.1 创建定模仁工程图 ………………………………………………… 282
　　　　11.3.2 创建动模仁工程图 ………………………………………………… 294

第 1 章　Creo 模具设计基础

本章我们来学习设计功能十分强大的三维软件 Creo parametric 1.0（Creo1.0）。该软件即是 Pro/E 的全新版本，本章主要介绍模具的基本知识，使读者了解模具设计中的共性特征和模具设计理论与 Pro/E 模块间的对象功能，从而达到理解 Pro/E 模具解决方案的目的。

学习目标：

- 了解模具设计方法
- 模具设计简介
- 模具设计问题与解决方法
- Creo 模具设计流程
- Creo 模具设计专用术语
- Creo1.0 简介
- 设置工作目录

1.1　为何要学习模具设计

总结模具设计行业的优势如下：

1）起点低、入门快。

2）就业好、收入高。

3）应用性强、技术性高。

究竟是哪些人适合学习模具设计呢？

1）想找一份上升空间大、前景好的职业的朋友。

2）想要转行的社会各界朋友。

3）想要提升职业竞争的从业人员。

4）大中专院校毕业生及想从事模具行业的人员。

作为一个经历了模具制作到模具设计的人来说，实践和好学最重要，如果您真的是一心想要学习模具设计，您可以参照以下建议：

1）有耐心。如果您没有准备好学习的耐心，请学其他技术。

2）想学好模具设计，则要对"模具"一词代表的内涵进行全面的认识，只有心里有了模型才能通过软件去描绘和修改。

3）认识模具，建议从模具制作流程关联到的每一项工作做起。不是要每个岗位都学到家，但是明白做的是什么，如一个模具设计人员在绘图时部分放电孔孔径给一个小于型腔的孔，原因就是后面放电有余量。类似这样的前后关系一定要搞得非常清楚，否则设计就把画图变成了画画，中看不中用。

4）认识模具的过程中还可以补一下几何与机械制图的基础知识。然后用几个月的时间来学习 CAD 制图（这很关键，主要是学习模具出图）。

以上几个步骤大约需要 7 个月至 1 年的时间来完成，当然理论知识很多的也就不用进行该过程了，别忘了我们好多时间也是在作重复的工作。

1.2　模具设计简介

在工业生产和日常生活中所用的大部分物品都是通过模具生产出来的，尽管模具的种类繁多，但存在着众多相同或相似的特征。对于模具初学者来说，要合理地设计模具必须事先全面了解模具设计与制造相关的基本知识，这些知识包括模具的种类与结构、模具设计流程以及在注塑模具设计中存在的一些问题等。

1.2.1 模具的种类

在现代工业生产中，各行各业里模具的种类很多，并且个别领域还有创新的模具诞生。模具分类方法很多，常使用的分类方法如下：

1）按模具结构形式分类，如单工序模、复式冲模等。

2）按使用对象分类，如汽车覆盖件模具、电动机模具等。

3）按加工材料性质分类，如金属制品用模具、非金属制用模具等。

4）按模具制造材料分类，如硬质合金模具等。

5）按工艺性质分类，如拉深模、粉末冶金模、锻模等。

1.2.2 模具的组成结构

在上述的分类方法中，有些不能全面地反映各种模具的结构和成型加工工艺的特点及它们的使用功能。因此，采用以使用模具进行成型加工的工艺性质和使用对象为主，以及根据各自的产值比重的综合分类方法，主要将模具分为5大类。

1. 塑料模

塑料模用于塑料制件的成型，当颗粒状或片状塑料原材料经过一定的高温加热成粘流态熔融体后，由注射设备将熔融体经过喷嘴射入型腔内成型，待成型件冷却固定后再开模，最后由模具顶出装置将成型件顶出。塑料模在模具行业所占比重较大，约为50%。

通常，塑料模具根据生产工艺和生产产品的不同又可分为注射成型模、吹塑模、压缩成型模、转移成型模、挤压成型模、热成型模和旋转成型模等。

塑料注射成型是塑料加工中最普遍采用的方法。该方法适用于全部热塑性塑料和部分热固性塑料，制得的塑料制品数量之大是其他成型方法望尘莫及的。作为注射成型加工的主要工具之一的注射模具，在质量精度、制造周期以及注射成型过程中的生产效率等方面，直接影响产品的质量、产量、成本及产品的更新，同时也决定着企业在市场竞争中的反应能力和速度。常见的注射模典型结构如图1-1所示。

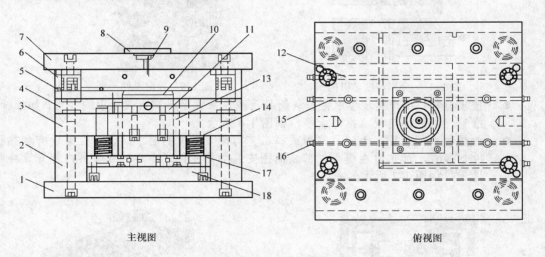

主视图　　　　　　　　　　　　俯视图

图1-1　注射模典型结构

1—动模座板　2—支承板　3—动模垫板　4—动模板　5—管塞　6—定模板　7—定模座板
8—定位环　9—浇口衬套　10—型腔组件　11—推板　12—围绕水道　13—顶杆　14—复位弹簧
15—直水道　16—水管街头　17—顶杆固定板　18—推杆固定板

注射成型模具主要由以下几个部分构成：

- 成型零件：直接与塑料接触构成塑件形状的零件称为成型零件，它包括型芯、型腔、螺纹型芯、螺纹型环、镶件等。其中，构成塑件外形的成型零件称为型腔，构成塑件内部形状的成型零件称为型芯，如图1-2所示。
- 浇注系统：它是将熔融塑料由注射机喷嘴引向型腔的通道。通常，浇注系统由主流道、分流道、浇口、和冷料穴4个部分组成，如图1-3所示。

3

- 分型与抽芯机构：当塑料制品上有侧孔或侧凹时，开模推出塑料制品以前，必须先进行侧向分型，将侧型芯从塑料制品中抽出，塑料制品才能顺利脱模，如斜导柱、滑块、楔紧块等，如图1-4所示。

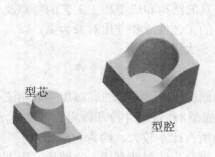

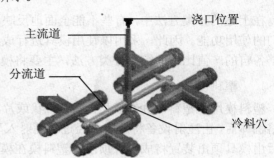

图1-2　模具成型零件　　　　　　　　图1-3　模具的浇注系统

- 导向零件：引导动模和推杆固定板运动，保证各运动零件之间相互位置的准确度的零件为导向零件，如导柱、导套等，如图1-5所示。

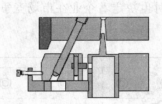

图1-4　分型与抽芯机构　　　　　　　图1-5　导向零件

- 推出机构：在开模过程中将塑料制品及浇注系统凝料推出或拉出的装置，如推杆、推管、推杆固定板、推件板等，如图1-6所示。
- 加热和冷却装置：为满足注射成型工艺对模具温度的要求，模具上需设有加热和冷却装置。加热时在模具内部或周围安装加热元件，冷却时在模具内部开设冷却通道，如图1-7所示。

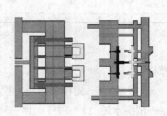

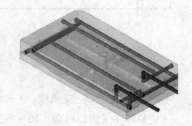

图1-6　推出机构　　　　　　　　　图1-7　模具冷却通道

- 排气系统：在注射过程中，为将型腔内的空气及塑料制品在受热和冷凝过程中产生的气体排除而开设的气流通道，排气系统通常是在分型面处开设排气槽，有的也可利用活动零件的配合间隙排气，如图1-8所示的排气系统部件。
- 模架：主要起装配、定位和连接的作用，是由定模板、动模板、垫块、支承板、定位环、销钉、螺钉等组成的，如图1-9所示。

2. 冲模

冲模是利用金属的塑性变形，由压力机等冲压设备将金属板料加工成形的。其所占行业产值的比重为 40%左右，图 1-10 所示为典型的单冲压模具。

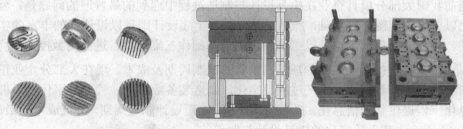

图 1-8　排气系统部件　　　　图 1-9　模具模架　　　　图 1-10　单冲压模具

3.　压铸模

压铸模具被用于熔融轻金属，如铝、锌、镁、铜等合金成型的。其加工成型过程和原理与塑料模具差不多，只是两者在材料和后续加工所用的器具不同而已。塑料模具其实就是由压铸模具演变而来。带有侧向分型的压铸模具如图 1-11 所示。

4.　锻模

锻造就是将金属成形加工，将金属胚料放置锻模内，运用锻压或锤击方式，使金属胚料按设计的形状来成型，图 1-12 所示为汽车件锻造模具。

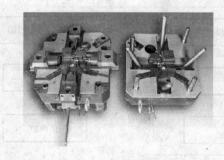

图 1-11　压铸模具　　　　　　　　　图 1-12　锻造模具

5.　其他模具

除以上介绍的几种模具外，还包括有如玻璃模、抽线模、金属粉末成型模等其他类型模具，图 1-13 所示为常见的玻璃模、抽线模和金属粉末成型模。

玻璃模具　　　　　　　　抽线模具　　　　　　　　金属粉末成型模具

图 1-13　其他类型模具

5

1.2.3 模具设计与制造的一般流程

当前我国大部分模具企业在模具设计与制造过程中遇到的最普遍的问题是：至今模具设计仍以二维工程图样为基础，产品工艺分析及工序设计则是以设计师的丰富的实践经验为基础，模具的主件加工也是以二维工程图为基础作三维造型，进而用数控加工完成的。

以上现状将直接影响产品的质量、模具的试制周期及成本。现在大部分企业正致力于实现模具产品设计数字化、生产过程数字化、制造装备数字化、管理数字化，为机械制造业信息化工程提供基础信息化，提高模具质量，缩短设计制造周期，降低成本的最佳途径，如图 1-14 所示为基于数字化的模具设计与制造的一般流程。

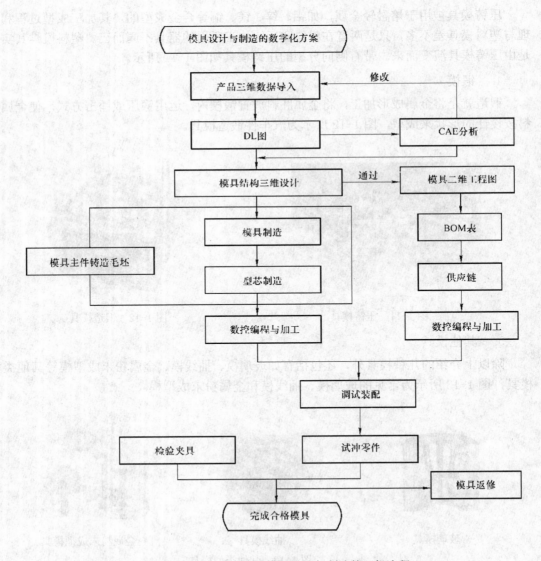

图 1-14　基于数字化的模具设计与制造的一般流程

6

1.3 模具设计存在的问题及解决方法

一副模具的成功与否，关键在于模具设计标准的应用和模具设计细节的处理是否正确。合理的模具设计主要体现在以下几个方面：
- 所成型的塑料制品的质量。
- 外观质量与尺寸稳定性。
- 加工制造时方便、迅速、简练，节省资金、人力，留有更正改善的余地。
- 使用时安全、可靠、便于维修。
- 在注射成型时有较短的成型周期。
- 使用寿命较长。
- 具有合理的模具制造工艺性等。

1.3.1 塑料件的设计

工程塑料制品大部分是用注射成型方法加工而成的，制件的设计必须在满足使用要求和符合塑料本身的特性前提下，尽可能简化结构和模具，节省材料，便于成型。

1. 制品的形状

在保证使用要求的前提下，力求简单和便于脱模，尽量避免或减少抽芯机构，如采用图 1-15 中合理的设计结构，不仅可大大简化模具结构，便于成型，且能提高生产效率。

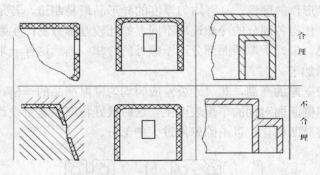

图 1-15 制品的形状设计

2. 中空部分的处理

热塑性的中空注射制品并不像金属般的那么难制造。然而，此举会增加模具的制造成本及灌入空气于中空部分的加工成本。所以，可能的话，最好减少或消除中空的产品。

如果产品的设计可选择包含中空或不平衡的异形时，最好选择中空如图 1-16 所示。当然，含中空的异形制品，其尺寸公差比不含中空者大。图 a 中壁厚不均匀，尺寸公差不好控制，凹痕严重；图 b 较好，壁厚较均匀；图 c 为最佳设计。

3. 边角与支撑设计

陡峭的边角塑料制品，极不易被注射出，且容易成为应力集中点而遭破坏。所以设计内外边角半径时，最好其值为壁厚的一半以上，并且内外边角半径同圆心以防止冷却时产生应力，如图 1-17a 所示中边角太陡峭，且内外半径非同心圆；图 b 较好，无陡峭的边角。

制品内部有大的无支撑区，注射时需要较大的注射力，在模具入口处必须设计为流线形，因此增加了加工困难性及成本。所以最好能修改原设计以增加强度，如图 1-18 a 所示的原设计，有较大的无支撑区；图 b 为改进后的设计，有足够的强度。

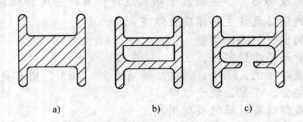

a)　　　　　　b)　　　　　　c)

图 1-16　产品中空部分的处理

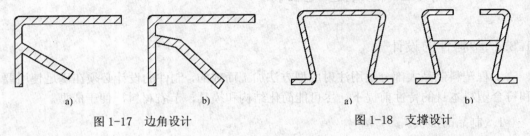

a)　　　　　　b)　　　　　　a)　　　　　　b)

图 1-17　边角设计　　　　　　　图 1-18　支撑设计

4. 产品的壁厚

虽然本质上任何异形件均可能由热塑性塑料制得，但仍有许多影响极大的设计因素需要考虑。首要是异形件的壁厚。具有均匀厚度的异形品最易制造，若是壁厚不均匀会造成塑料流动不平均，使得各部分的冷却速率不同，如此较厚部分易产生翘曲。如果不均匀的壁厚实在无法避免，最好于厚断面部分给予额外的冷却。当然这样一来，加工工具变得复杂，生产成本也增加了。

另外，非均匀壁厚的产品，其尺寸公差应为均匀壁厚产品的一倍。另一个常见的问题是凹痕常发生在厚壁断面对面的平坦表面上，这时最好将产品重新设计。图 1-19a 极易产生凹痕，图 b 则将其凹槽化，以消除壁厚过大的部分。

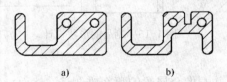

a)　　　　　　b)

图 1-19　产品的均匀壁厚

塑料零件的壁厚取决于塑件的使用要求，太薄会造成制品的强度和刚度不足，受力后容易产生翘曲变形，成型时流动阻力大，大型复杂的零件就难以充满型腔。反之，壁厚过大，不但浪费材料，而且加长成型周期，降低生产率，还容易产生气泡、缩孔、翘曲等缺陷。因此，制件设计时确定零件壁厚应注意以下几点：

● 在满足使用要求的前提下，尽量减小壁厚。
● 零件的各部位壁厚尽量均匀，以减小内应力和变形。不均匀的壁厚会造成严重的翘曲及尺寸控制的问题。
● 承受紧固力部位必须保证压缩强度，避免过厚部位产生缩孔和凹陷。

● 成型顶出时能承受冲击力的冲击。

一些常用塑料的推荐壁厚见表1-1。

表1-1 制品壁厚的参考值

材料名称	壁厚尺寸/mm
PA、POM	0.45～3.2
PC、PSV	0.95～4.5
ABS	0.8～3.2

5. 产品的脱模斜度

为了在模具开模时使制件能够顺利地取出，而避免其损坏，制件设计时中应考虑增加脱模斜度。

脱模角度一般取整数，如0.5、1、1.5、2等。通常，制件的外观脱模角度比较大，这便于成型后脱模，在不影响其性能的情况下，一般应取较大脱模角度，如5°～10°，如图1-20所示。

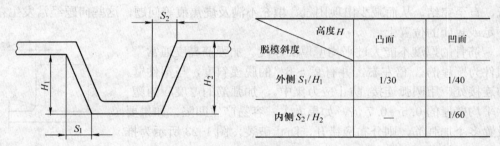

高度 H 脱模斜度	凸面	凹面
外侧 S_1/H_1	1/30	1/40
内侧 S_2/H_2	—	1/60

图1-20 制件的脱模斜度要求

6. BOSS柱（支柱）设计

支柱为突出胶料壁厚，用以装配产品、隔开对象及支撑承托其他零件。空心的支柱可以用来嵌入镶件、收紧螺钉等。这些应用均要有足够强度支持压力而不至于破裂。

为避免在拧上螺钉时出现打滑的情况，支柱的出模角一般会以支柱顶部的平面为中性面，而且角度一般为0.5°～1.0°。如果支柱的高度超过15.0mm，为加强支柱的强度，可使支柱连上些加强筋，作结构加强之用。

如果支柱需要穿过PCB，同样使支柱连上些加强筋，而且在加强筋的顶部设计成平台形式，此可作承托PCB之用，而平台的平面与丝筒项的平面必须要有2.0～3.0mm，如图1-21所示。

为了防止制件的BOSS部位出现收缩，应设计防收缩结构，即"火山口"，如图1-22所示。

7. 设计加强筋

为满足制件的使用所需的强度和刚度单用增加壁厚的办法，往往是不合理的，不仅大幅增加了制件的重量，而且易产生缩孔、凹痕等缺陷，在制件设计时应考虑设置加强筋，这样能满意地解决 这些问题，它能提高制件的强度，防止和避免塑料的变形和翘曲。设置加强筋的方向应与料流方向尽量保持一致，以防止充模时料流受到搅乱，降低制件的韧性或影响制件外观质量。

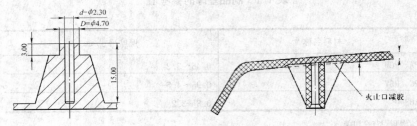

图 1-21　BOSS 柱的处理　　　　　图 1-22　设计火山口防收缩

加强筋一般被放在塑料产品的非接触面，其伸展方向应跟随产品最大应力和最大偏移量的方向，选择加强筋的位置亦受制于一些生产上的因素，如模腔充填、收缩及脱模等。加强筋的长度可与产品的长度一致，两端相接产品的外壁，或只占据产品部分的长度，用以局部增加产品某部分的刚性。

要是加强筋没有接上产品外壁的话，未端部分亦不应突然终止，应该渐次地将高度减低，直至完结，从而减少出现困气、填充不满及烧焦痕等问题，这些问题经常发生在排气不足或封闭的位置上。

筋骨的厚度不能大过平均壁厚的厚度。加强筋高度通常塑件为壁厚的 3 倍左右，并有 2°～5°的脱模斜度，与塑件壁的连接处应用圆弧连接，防止应力集中。，加强筋的厚度应为塑件平均壁厚的 0.5～0.7 倍，如果太大，容易产生凹陷。如果要设置多个加强筋，则分布应错开，防止破裂，图 1-23 所示为推荐的加强筋截面尺寸。

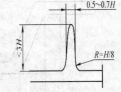

图 1-23　加强筋截面尺寸

1.3.2　分型面的设计

一般来说，模具都由两大部分组成：动模和定模(或者公模和母模)。分型面是指两者在闭和状态时能接触的部分。在设计分型面时，除考虑制品的形状要素外，还应充分考虑其他选择因素。下面将分型面的一般设计要素做简要介绍。

在模具设计中，分型面的选择原则如下：
- 不影响制品外观，尤其对外观有明确要求的制品，更应注意分型面对外观的影响。
- 有利于保证制品的精度。
- 有利于模具的加工，特别是型胚的加工。
- 有利于制品的脱模，确保在开模时使制品留于动模一侧。
- 方便金属嵌件的安装。

绘 2D 模具图时要清楚的表达开模线位置，封胶面是否有延长等。

1. 分型面的设置

分型面的位置应设在塑件断面的最大部位，形状应以模具制造及脱模方便为原则，应尽量防止形成侧孔或侧凹，有利于产品的脱模，如图 1-24 所示，图 a 的产品布置使模具增加了侧抽芯机构，图 b 产品的布置则能避免侧抽芯。

2. 分型面的封胶

中、小型模具有 15～20mm 的封胶面，大型模具有 25～35mm 的封胶面，其余分型面有深 0.3～0.5mm 的避空。大、中模具避空后应考虑压力平衡，在模架上增加垫板（模架一般应有 0.5mm 左右的避空），如图 1-25 所示。

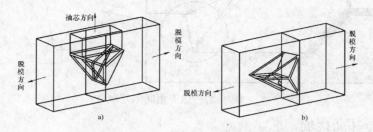

图 1-24　合理设置分型面

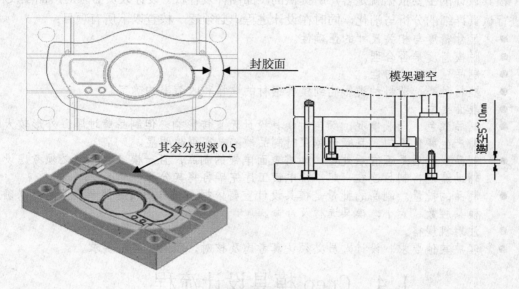

图 1-25　分型面的封胶

3．分型面的其他主要事项

分型面为大曲面或分型面高低差距较大时，可考虑上下模料做虎口配合（型腔与型芯互锁，防止位移），虎口大小按模料而定。长和宽在 200mm 以下，做 15mm×8mm 高的虎口 4 个，斜度约为 10°。如长度和宽度超过 200mm 以上的模料，其应做 20mm×10mm 高或以上的虎口，数量按排位而定（可做成镶件也可在原身预留），如图 1-26 所示。

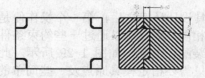

图 1-26　做虎口配合

在动、定模上做虎口配合（在动模的 4 个边角上的凸台特征，作定位用）以及分型面有凸台时，需做 R 角间隙处理，以便于模具的机械加工、装配与修配，如图 1-27 所示。

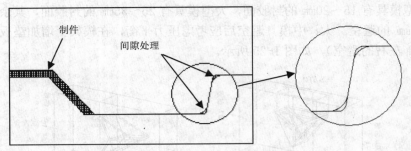

图 1-27　做 R 角间隙处理

1.3.3 模具设计的依据

模具设计的主要依据就是客户所提供的产品图样及样板。设计人员必须对产品图及样板进行认真详细的分析与消化，同时在设计进程中必须逐一核查以下所有项目：

- 尺寸精度与相关尺寸的正确性。
- 脱模斜度是否合理。
- 制品壁厚及均匀性。
- 塑料种类。塑料种类影响到模具钢材的选择和收缩率的确定。
- 表面要求。
- 制品颜色。一般情况，颜色对模具设计无直接影响。但制品壁过厚、外形较大时易产生颜色不匀，且颜色越深时制品缺陷暴露得越明显。
- 制品成型后是否有后处理。如需表面电镀的制品，且一模多腔时，必须考虑设置辅助流道将制品连在一起，待电镀工序完毕再将其分开。
- 制品的批量。制品的批量是模具设计重要依据，客户必须提供一个范围，以确定模具腔数、大小，模具选材及寿命。
- 注射机规格。
- 客户其他要求。设计人员必须认真考虑及核对，以满足客户要求。

1.4　Creo 模具设计流程

1. 零件成品

首先要有一个设计完成的零件成品，也就是将来用于分模的零件，如图 1-28 所示。此零件可在 Creo 1.0 中零件设计或零件装配的模块中先行建立。当然，也可以在其他的3D 软件中建立好，再通过文件交换格式将其输入 Creo 1.0 中，但此方法可能会因为精度差异而产生几何问题，进而影响到后面的开模操作。

2. 模型导入

在进入 Creo 1.0 的模具设计环境之后，第一个操作便是进行模型装配。模具设计的装配环境与零件装配的环境相同，用户可以通过一些约束条件的设定轻易将零件成品或参照模型与事先建立好的工件装配在一起，如图 1-29 所示。此外，工件也可以在装配的过程中建立，在建立的过程中只需要指定模具原点及一些简单的参数设定，用户可自行选择模具装配方式。

3. 模型检测

在进行分模之前，必须先检验模型的厚度、脱模角度等几何特征，如图 1-30 所示。

12

其目的在确认零件成品的厚度及拔模角是否符合设计需求。如果不符合，便可及时发现和修改，若一切皆符合设计需求，便可以开始进入分模操作了。

图 1-28　零件成品

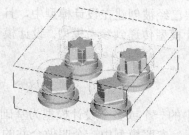
图 1-29　装配模型

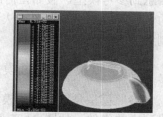
图 1-30　模型的检测

4.　设置收缩率

不同的材料在射出成型后会有不同程度的收缩，为了补正体积收缩上的误差，必须将参照模型放大。在给定收缩率公式之后，系统可以分别对于 X、Y、Z 三个坐标轴设定不同的收缩率，也可以针对单一特征或尺寸个别进行缩放，图 1-31 所示为模具温度与模型收缩率的走势。

5.　设计分型面

建立分型面的方式与建立一般特征曲面时相同。通常，参考零件的外形越复杂，其分型面也将会跟着复杂，此时必须有相当的曲面技术水平才能建立复杂的分型面。因此，熟练地掌握曲线和曲面操作技术对于分型面的建立有非常大的帮助，图 1-32 所示为工件中的分型面。

6.　模具开启

Creo 1.0 提供了开模仿真的工具，可以通过开模步骤的设定来定义开模操作顺序，接着将每一个设定完成的步骤连贯在一起进行开模操作的仿真，在仿真的同时还可以做干涉检验以确保成品在脱模时不会产生干涉，图 1-33 所示为模具开启状态。

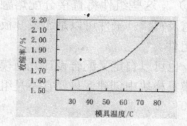
图 1-31　模具温度与模型收缩率的走势

图 1-32　分型面

图 1-33　模具开启状态

1.5　Creo 模具设计专用术语

1.5.1　设计模型

在 Creo 1.0 中，设计模型代表成型后的最终产品，如图 1-34 所示。它是所有模具操作的基础。设计模型必须是一个零件，在模具中以参考模型表示。假如设计模型是一个组件，应在装配模式中合并换成零件模型。设计模型在零件模式或直接在模具模式中创建。

在模具模式中，这些参考零件特征、曲面及边可以被用来当做模具组件参考，并将创建一个参数关系回到设计模型。系统将复制所有基准平面的信息到参考模型。假如任何的层已经被创建在设计模型中，且有指定特征给它时，这个层的名称及层上的信息都将从设计模型传递到参考模型。设计模型中层的显示状态也将被复制到参考模型。

1.5.2 参照模型(参考模型)

参照模型是以放置到模块中的一个或多个设计模型为基础。参照模型是实际被装配到模型中的组件，如图 1-35 所示。参照模型由一个叫做合并的单一模型所组成。这个合并特征维护着参照模型及设计模型间的参数关系。如果想要或需要额外的特征增加到参考模型，则会影响到设计模型。

当创建多腔模具时，每个型腔中都存在单独的参考模型，而且都参考到其他的设计模型。同族中只有个别的参照模型，指回它们个别的设计模型。

图 1-34　设计模型

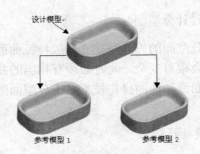

图 1-35　参照模型

1.5.3 自动工件

自动工件表示模具组件的全部体积（如图 1-36 所示），这些组件将直接分配熔融(Molten)材料的形状。工件应包围所有的模腔、浇口、流道及冒口。工件可以是 A 或 B 板的装配或一个很简单的插入件。它将被分割成一个或多个组件。

工件可以全部都是标准尺寸，以配合标准的基础结构；也可以自定义配合设计几何模型。工件可以是一个在零件模块中创建的零件或是直接在模具模块中创建，只要它不是组件的第一个零件。

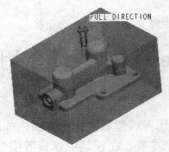

图 1-36　自动工件

1.5.4 模具组件

模具组件是那些选择性的组件，在 Creo 中工作时，可以被加到模具中，如图 1-37 所示。其项目包括模具基础组件、平板、顶出系统、模仁及轴衬等。这些组件可以从模具基础库中调用或像正规的零件一样在零件模块中创建。模具基础组件必须装配到模具中，当作模具基础组件或是一般组件的部分。假如使用一般的装配选项装配它们，系统将会要求将它们归类于工件或模具基础组件。

所有使用这个选项的组件都默认为模具基础组件。模具组件包含所有的参考零件，所有的工件及任何其他的基础组件或夹具。所有的模具特征将创建在模具组件层。模具特征包含但不限于分模曲面、模具体积块、分割及修剪特征。模具组件可以叫加载装配模块，假如模具过程文件存在工作区的内存中。

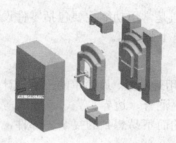

图 1-37　模具组件

1.5.5　模具装配模型

模具零件库提供一个标准模座及组件的收集，这些零件及组件是以相关模架提供商的标准目录为基础的，必须具有 Creo 1.0 使用许可才可以使用。组件的说明可以在模具基础目录中查看

模具装配模型（见图 1-38）基本上是一个由所有的参考零件、模块与其他标准模座元件所组成的模具元件，其装配顺序分别为参考零件、模块，最后是选择性装配标准模座元件或一般组件。

在数据库中的模具基础包含所有的标准平板组、顶出系统、模仁系统、定位板及轴衬。该被选取的组件，将被复制到当前的项目目录，所有的修改都在这个复制模型上进行。这些修改包括在 AB 平板上创建件插件定位的凹洞，以及额外的冷却水道、柱状支撑及模仁系统等。

图 1-38　模具装配模型

1.6 Creo parametric 1.0简介

Creo 是 PTC 新推出的设计软件系列，可帮助用户克服最迫切的产品开发挑战，使它们能够快速创新并在市场上更有效地开展竞争。当今的企业组织正努力应对全球化的工程团队和过程，高效地吸纳并购其他的公司，并与众多的客户和供应商开展合作。此外，长期困扰着 3D CAD 技术的问题（可用性、可互操作性、技术封锁和装配管理）使这些挑战变得更难以克服。

1.6.1 Creo 的基本功能

虽然 Creo 的功能很强大，但是常用功能主要包括零件设计、工程图、装配图、分析功能 4 个方面。

1. 零件设计

零件设计是 Creo 功能中使用最频繁、最简单的三维设计功能，利用拉伸、旋转、扫描、混合、边界、壳、筋、孔等特征，能够设计出人们所需要的而不易想到的复杂零部件，如图 1-39 所示。

图 1-39　零件设计

2. 装配设计

装配设计是把各个零件按照一定的顺序和规则装配成一个完整的产品，方便观察和检验零件间的相互关系及零件间是否干涉。这只是装配设计的极小功能，最主要的是用于 Top-Down 设计，图 1-40 所示为装配设计的效果图。

几乎所有产品都是由许多零件组装而成的，而每一个零件的部分甚至全部尺寸都会与其他零件的尺寸有关联。这些关联尺寸的设计就是装配设计的特长，在装配设计中设计零件不需要我们计算这些关联数据。而在零件设计中，这些关联数据的计算是必不可少的，并且是烦琐的。同时，在关联数据方面可以大大提高设计效率，降低出错几率，这才是装配设计的重要作用。

图 1-40　装配设计

3. 工程图

工程图是零件设计与制造之间的沟通桥梁。工程图的设计，表示一个零件的设计已经完成，接下来的工作就是制造。所设计的零件是否能够生产，生产出来的零件是否能够满足需求，这些都取决于工程图，所以说工程图是零件设计与制造之间的桥梁。同时，它也是一个初始环节，这是因为工程图不仅会随三维实体模型设计的变更而变更，三维实体模型亦会随工程图的变更而变更，图 1-41 所示为 Creo 的工程图。

4. 分析功能

Creo 分析功能分为三部分，设计前期分析、设计过程中分析和设计后期分析，图 1-42

所示为 Creo 的产品分析与运动仿真效果图。

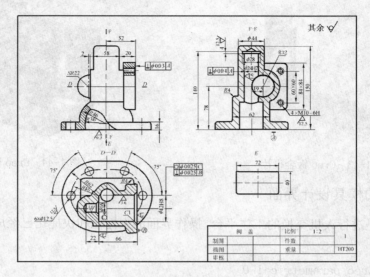

图 1-41　Creo 的工程图设计

● 设计前期分析：包括 NC 加工、模具流道、浇口、开合模等分析功能。
● 设计过程中分析：包括零件设计中的线、面质量分析，零件重心及壁厚是否均匀和零件间的间隙等分析功能。
● 设计后期分析：包括零件重量、受力变形及仿真运动等分析功能。

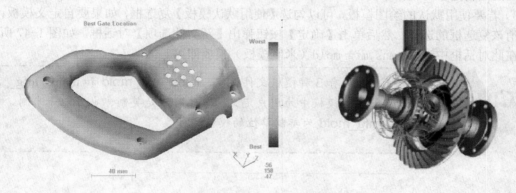

图 1-42　Creo 的产品分析与运动仿真

5. 钣金设计功能

钣金件模块可以创建基本的和复杂的零件。可使用标准特征设计钣金件，如壁、切口、裂纹、折弯、冲孔、凹槽和拐角止裂槽等。还可编制 NC 机床的系统来创建零件。主要包括钣金件设计和钣金件制造两大功能，图 1-43 所示为 Creo 的钣金设计效果图。

6. 模具设计功能

模具设计与铸造允许模拟模具设计过程、设计压模组件和元件以及准备加工铸件。可以根据设计模型中的更改快速更新模具元件、设计压模组件与元件并准备加工铸件、创建和修改设计零件、型腔、模具布局和绘图，图 1-44 所示为 Creo 的模具设计效果图。

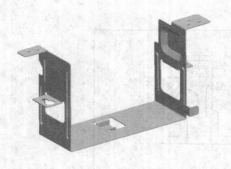

图 1-43　Creo 钣金设计　　　　　　　　　　　图 1-44　Creo 模具设计

1.6.2 Creo 的模具设计界面

操作界面是进行人机交换的工作平台,操作界面的人性化和快捷化已经成为 Creo 发展的趋势。

1. 启动 Creo parametric 1.0

1)双击桌面中的 Creo parametric 1.0 图标 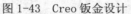,或者在操作系统左下角选择【开始】|【所有系统】|【PTC Creo】|【Creo parametric 1.0】命令,打开 Creo 基本环境界面,如图 1-45 所示。

2)在快速访问工具栏中,或者在【主页】选项卡的工具栏中单击【新建】按钮 ,在弹出的【新建】对话框中选择【制造】类型和【模具型腔】子类型,如图 1-46 所示。

3)若要使用默认的绘图模板,可以勾选【使用默认模板】复选框,如果要自定义模板,则取消该复选框的选择,然后单击【确定】按钮弹出【新文件选项】对话框,如图 1-47 所示。在此对话框中选择 mmns_mfg_mold(米制模板)模板即可。

> Creo 中有 3 种模板文件:空、inlbs_mfg_mold 和 mmns_mfg_mold。"空"模板中为用户定义,单位可以是英制,也可以是米制。inlbs_mfg_mold 为英制单位的模板文件。

图 1-45　Creo 基本环境界面

图 1-46　创建文件类型　　　　　　　图 1-47　选择模板

4）在单击【新文件选项】对话框的【确定】按钮后，即可进入 Creo 的模具设计环境。在新版本 Creo 中，用户只需对配置文件进行设置，即可打开或保存以中文命名的文件。首先在【文件】下拉菜单中选择【选项】命令，打开【Creo parametric 选项】对话框。然后添加 creo_less_restrictive_names 选项和 yes 选项值即可，如图 1-48 所示。

2. Creo 模具设计环境

Creo parametric 1.0 的模具设计界面是快速访问工具栏，由导航区、命令选项卡、功能区、前导工具栏、图形区、信息栏和选择过滤器组成，如图 1-49 所示。

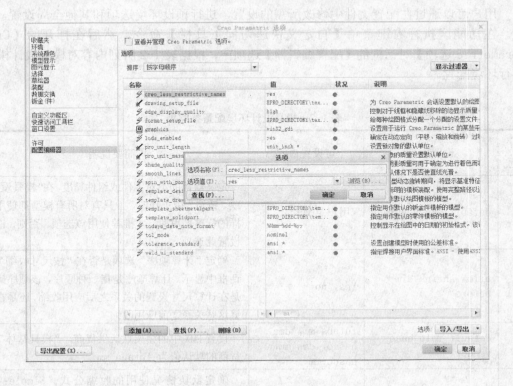

图 1-48　中文名配置

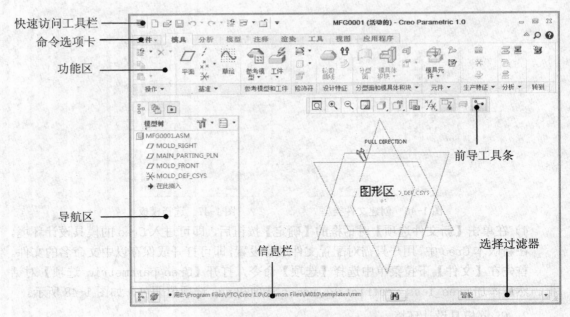

快速访问工具栏
命令选项卡
功能区
前导工具条
导航区
图形区
信息栏
选择过滤器

图 1-49　Creo parametric 1.0 模具设计界面

1.6.3　模具设计环境配置

用户可以通过在配置文件中修改所需的设置，进行预设环境选项和其他全局设置。

在功能区执行右键菜单【自定义快速访问工具栏】命令，然后在打开的【Creo parametric 选项】对话框的【配置编辑器】选项中，根据表 1-2 所列内容对模具设计模式进行环境配置。

表 1-2　模具设计环境配置参照表

序号	设置项目	可设置内容	简要说明
1	default_abs_accuracy	〈用户定义〉	定义默认的绝对零件或组件精度。在"模具设计"或"铸造"中工作时，只有对所有模型都使用同样的标准精度时，才推荐使用该选项。否则，请勿设置此选项
2	allow_shrink_dim_before	Yes, no	确定"计算顺序"选项是否在"按尺寸收缩"对话框中显示。计算顺序是指一种顺序，该顺序确定是在计算尺寸设置的关系之后应用收缩，还是在计算这些关系之前应用收缩
3	default_mold_base_vendor	futaba_mm, dme, hasco, dme_mm, hasco_mm	设置 EMX 中的模架默认供货商，"模具基体"供货商的默认值为 futaba_mm
4	default_shrink_ormula	Simple, ASME	确定默认情况使用的收缩公式。Simple：将 (1+S) 设置为默认情况下使用的收缩公式。ASME：将 1/(1-S) 设置为默认情况下使用的收缩公式

20

序号	设置项目	可设置内容	简要说明
5	enable_absolute_accuracy	yes，no	通常，如果设置为 yes，允许从零件或组件的相对精度切换到绝对精度；在模具设计中，将该项设置为 yes 有助于保持参照模型、工件（夹模器）、和模具或铸造组件精度的一致性。在"模具设计"或"铸造"中工作时，强烈建议将该项设置为 yes
6	show_all_mold layout_buttons	yes，no	为拥有 EMX 许可证的用户控制"模具布局"工具栏和菜单配置。默认情况下，如果检测到 EMX 许可证，"模具布局"工具栏和菜单将仅显示与 EMX 不重复的功能，以避免混淆。如果要查看所有模具工具栏图标和菜单选项，可将此配置选项设置为 yes
7	shrinkage_value_display	final_value，percent_shrink	确定在对模型应用收缩时尺寸的显示方式。 如果它被设置为 percent_shrink，则尺寸文本以下列形式显示：nom_value（shr%） 如果将其设置为 final_value，则尺寸仅显示收缩后的值

1.7 设置工作目录

设置工作目录的操作步骤如下：

1）在功能区的【文件】选项卡中，选择【管理会话】|【选择工作目录】命令，系统弹出如图 1-50 所示的【选取工作目录】对话框。

2）在【选择工作目录】对话框中的"公用文件夹"列表框中，选取或者新建文件夹作为要设置的工作目录。

3）单击【选择工作目录】对话框中的【确定】按钮，完成工作目录的设置。

图 1-50 【选择工作目录】对话框

注意

　　在进行工程设计的时候，系统会将设计过程中的文字和数据信息自动保存到这个文件夹中。当启动 Pro/E 软件时，系统就指向工作目录文件夹的路径。如果想设定不同的目录文件路径的话，再在菜单栏中单击"文件>设置工作目录"命令后修改即可。

第 2 章　Creo 制作模型的准备

模具工程师在模具设计初期需要作很多的准备工作。例如，先要创建产品模型，然后检查模型设计得是否合理（包括脱模斜度检测与模型厚度检测），若发现因产品设计问题而不能合理开发模具，则必须进行修改。

学习目标：

- Creo 模型概念
- 模具分析与检查
- 设计模型精度
- Creo 模流分析

2.1 Creo 模型的概念

在模具设计环境下，模具设计模型是顶级的制造模型，它是在建模环境下完成设计的。用户对设计模型进行拔模检测、厚度检测和模流分析之后，才能合理地进行模具结构设计。

1. 模具设计模型

设计模型属于顶级制造模型，即成型过程后的最终产品造型。此模型被检索到模具设计模式并包含再生整个模具所必需的全部信息。模具模型包含所有参照零件的组件、工件以及模具处理信息，图 2-1 所示为模具的设计模型——音乐播放器后盖模型。

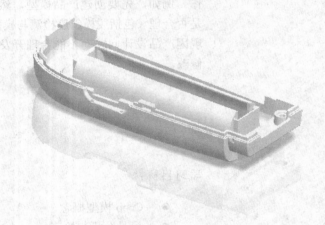

图 2-1　音乐播放器后盖模型

2. 模具装配模型

模具装配模型基本上是一个由所有的参考零件、模块与其他标准模座元件所组成的模具组件，其装配顺序分别为参考零件、模块，最后是选择性装配标准模座元件或一般组件。

在 Creo 的模具标准件数据库中包含所有的标准平板组、顶出系统、模仁系统、定位板及轴衬。被选取的组件，将被复制到当前的项目目录，所有的修改都在这个复制模型上进行。这些修改包括在 AB 平板上创建件插件定位的凹洞，以及额外的冷却水道、柱状支撑及模仁系统等，图 2-2 所示为模具的装配模型。

3. 模具组件

模具组件在模具模型中属于顶级组件。它包括所有参照模型工件及模具基础元件，还包括所有组件级的模具特征、模具组件，它是在创建模具设计模型时自动创建的。只要模具模型已在进程中就可在组件模式下检索模具组件。

模具组件可以从 Creo 的模具模架库中加载，也可以在组建设计模式下创建。模具装配模型结构中的各个元件就是模具的组件，它包括成型零件的组成部分，以及浇注系统（如定位环和浇口套）、顶出系统（如顶杆、顶管、斜顶、滑块等）、冷却系统（如冷却管道、喷头）、排气系统等各大系统中的组成零件，图 2-3 所示为模具组件。

图 2-2　模具装配模型

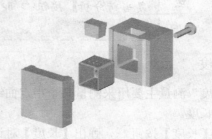
图 2-3　模具组件

2.2　模型的基本测量

当加载一个产品后，最好不要急着动手分模。因为产品如果没有经过仔细的分析，可能分出的模具不合理。因此，模型的测量工作就变得极为重要了。

Creo1.0 的模具设计环境中，有用于模型测量的功能命令。如【分析】选项卡【测量】面板中的测量命令，如图 2-4 所示。

图 2-4　【测量】面板中的基本测量命令

2.2.1　距离

"距离"测量主要是用来测量选定起点与终点在投影平面上的距离。距离测量可以用来帮助设计人员合理布局模具型腔。单击【距离】按钮 ，弹出【距离】对话框。选取测量距离的起点和终点后，Creo 系统自动测量出两点之间最短距离，如图 2-5 所示。

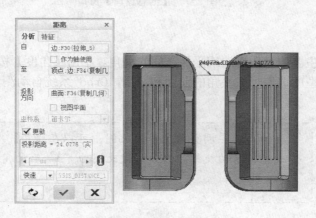

图 2-5　测量距离

25

> 如果要继续测量对象,无需关闭对话框,仅单击对话框中的【重复当前分析】按钮 ↻ 即可。

2.2.2 长度

"长度"测量主要用来测量某个指定曲线的长度。这个测量工具常用来测量产品中某条边的长度。

单击【长度】按钮 ∼,弹出【长度】对话框。在产品模型中选取测量长度的起点和终点后,Creo 系统自动测量并给出长度值,如图 2-6 所示。

> 如果需要查看测量的具体信息,可以单击对话框中的【显示此特征的信息】按钮 ⓘ,然后在打开的【信息窗口】窗口中查看,如图 2-7 所示。

图 2-6　测量模型边的长度

图 2-7　【信息窗口】窗口

2.2.3 角度

"角度"测量主要测量所选边或平面之间的夹角。单击【角度】按钮 △,弹出【角】对话框。在产品模型中选取形成夹角的曲面和边后,Creo 系统自动测量并给出角度值,如图 2-8 所示。

> 如果需要调整角度值的比例,可以在【角】对话框中输入比例值或光标滑动旋钮。例如设定比例为"3"后的角度值如图 2-10 所示。

如果要同时测量多条边,或者测量与选择的边相切的对象,可以单击【长度】对话框中的【细节】按钮，然后在随后打开的【链】对话框中设置选项即可，图 2-9 所示为由测量单边改为测量"完整环"的选项设置。测量所得的值为完整环的整体长度。

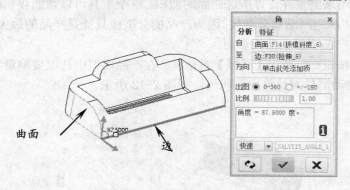

图 2-8 测量角度

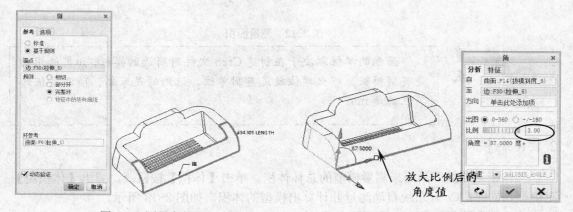

图 2-9 测量完整环   图 2-10 设定角度值的比例

2.2.4 直径（半径）

"直径"（或半径）测量工具可以测量圆角曲面的直径值。此测量工具可以帮助用户对产品中出现的问题进行修改。例如，当产品中某个面没有圆角或圆角太小，可能会导致抽壳特征参加失败，那么我们就可以测量该圆角面的值，以此参考值对产品进行编辑修改。

单击【直径】按钮 ✍，弹出【直径】对话框。在产品模型中选取圆角面后，Creo 系统自动测量并给出直径值，如图 2-11 所示。

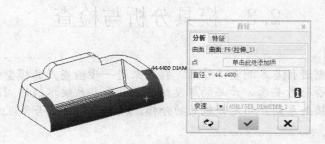

图 2-11 测量圆角面的直径

2.2.5 面积

"面积"测量用来测量并计算所选曲面的面积。这个工具可以帮助我们确定产品的最大投影面，并进一步确定产品的分型线。因为产品的分型线只能是产品的最大外形轮廓线，最大外形轮廓就是产品中最大的投影面。

单击【面积】按钮⊠，弹出【区域】对话框。在产品模型中选取要测量其面积的某个面后，Creo 系统自动测量并计算出面积值，如图 2-12 所示。

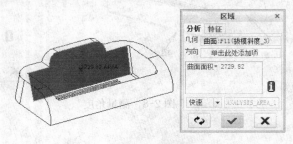

图 2-12　测量面积

> 面积的单位取决于在创建 Creo 文件时所选的模板，如果选用的是英制模板，那么单位就是英制单位。选用的是米制，所测量值的单位就是 mm^2。

2.2.6 体积

"体积"测量工具用来测量模型的总体体积。单击【体积】按钮▱，弹出【体积块】对话框。同时，Creo 系统自动测量并计算出模型的体积，如图 2-13 所示。

"体积"测量工具可以测量实体模型，也可以测量由曲面面组构成的空间几何形状。

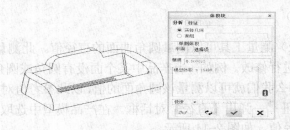

图 2-13　测量模型的体积

2.3　模具分析与检查

> 在对产品模型进行基本测量工作后，接下来进一步检查产品模型的脱模斜度是否足够、分型面是否符号要求、产品的厚度情况以及冷却系统水线的间隙等。这些工作十分重要，且直接关系到产品是否能成功分模，模具设计得是否合理。

2.3.1 脱模斜度检查

对模型进行拔模检测，需要指定最小拔模角、拉伸方向、平面以及要检测单侧还是双侧。拉伸方向平面是垂直于模具打开方向的平面。

在功能区的【分析】选项卡【模具分析】选项面板中单击【模具分析】按钮▤，系统弹出【模具分析】对话框。在此对话框的【类型】下拉列表中选择【拔模检测】选项，然后再按需要依次指定参照平面、拉伸方向、拔模方向侧及最小拔模角等参数，如图 2-15 所示。

指定拉伸方向平面和拔模检测角度后，Creo 计算每一曲面相对于指定方向的拔模。超出拔模检测角度的任何曲面将以红色显示，小于角度负值的任何曲面将以蓝色显示，处于二者之间的所有曲面以代表相应角度的彩色光谱显示，图 2-14 所示为执行计算时系统自动弹出的彩色光谱对照表窗口。

 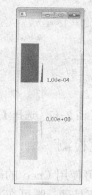

图 2-14　【拔模检测】选项　　　　　　图 2-15　彩色光谱对照表

当需要设置光谱的显示时，可单击【模具分析】对话框中【计算设置】选项区下的【显示】按钮 ⬚显示...⬚，在随后弹出的【拔模检测-显示设置】对话框中进行，如图 2-16 所示。

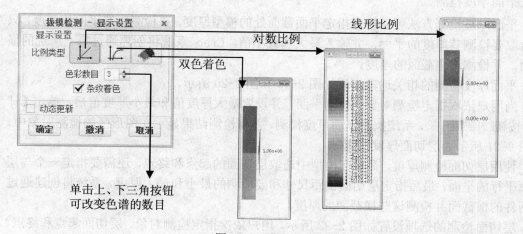

图 2-16　设置光谱的显示

29

2.3.2 等高线检测

等高线（水线）检测主要用于检测模具冷却循环系统与其他零件间的间隙情况。等高线检测可使设计人员避免冷却组件与其他模具组件的干涉，以及是否有薄壁情况出现。

在功能区的【分析】选项卡【模具分析】选项面板中单击【模具分析】按钮，系统弹出【模具分析】对话框。在此对话框的【类型】下拉列表中选择【等高线】选项，然后再依次指定检测对象、水线、合理的间隙值等参数。单击【计算】按钮 计算 后，系统将等高线检测情况以不同的色谱来显示反馈，如图 2-17 所示。

图 2-18 所示为模具等高线检测情况，红色部分表示小于合理间隙值，绿色则表示大于合理间隙值。

图 2-17 选择【等高线】选项

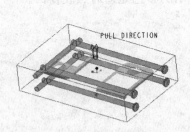

图 2-18 等高线检测结果

2.3.3 厚度检测

用户还可使用 Creo 的厚度检测功能来确定零件的某些区域同设定的最小和最大厚度比较，是厚还是薄。既可在零件中间距等量增加的平行平面检测厚度也可在所选的指定平面检测厚度。

功能区的【分析】选项卡【模具分析】选项面板中单击【厚度检查】按钮，系统弹出【模型分析】对话框。该对话框包含有两种厚度检测方式：平面和层切面。

平面厚度检测

平面厚度检测方法可以检查指定平面截面处的模型厚度，要检测所选平面的厚度，只需拾取要检测其厚度的平面，并输入最大和最小值，Creo 系统将创建通过每一所选的横截面，并检测这些截面的厚度。

平面厚度检测的相关选项设置如图 2-19 和图 2-20 所示。

当用户依次指定检测对象、检测平面，并设置最大厚度值和最小厚度值后，单击【计算】按钮 计算 ，系统执行平面厚度检测，并将检测结果显示在图形区的检测对象中，如图 2-21 所示。层切面厚度检测

使用层切面检测厚度，需要在模型中选取层切面的起点和终点，还需要指定一个与层切面平行的平面，最后指定层切面偏距尺寸和要检测的最小和最大厚度，系统将创建通过此两件的横截面并检测这些横截面的厚度。

层切面检测的选项设置如图 2-22 所示。用户依次指定检测对象、层切面起点和终点、层切面个数、层切面方向、层切面偏移量，以及最大厚度值和最小厚度值后，单击【计算】

按钮 计算 ，系统执行厚度检测，并将检测结果显示在图形区的对象中，如图 2-23
所示。

图 2-19　模型分析　　　　　　　图 2-20　平面厚度检测的选项设置

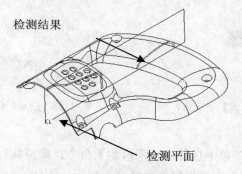

图 2-21　平面厚度检测结果

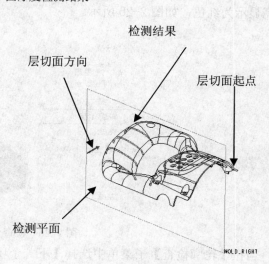

图 2-22　层切面厚度检测的选项设置　　　　　图 2-23　层切面厚度检测

Creo 完成了每一横截面的厚度检测后，横截面内大于最大壁厚的任何区域都将以红色断面线显示，小于最小壁厚的任何区域都将以蓝色显示。此外，还可以得到所有横截面的信息以及厚度超厚与不足的横截面的数量。

2.3.4 分型面检查

分型面检查分为两种，一种是自相交检查，即检查所选分型面是否发生自相交；另一种是轮廓检查，就是检查分型面是否存在间隙，检查完成后系统会在分型面上用深红色的点显示可能存在间隙的位置。当检查到分型面发生自相交或存在不必要的间隙时，则须对分型面进行修改或重定义，否则将无法分割体积块。

1. 自相交检查

在功能区【分析】选项卡【模具分析】选项面板中单击【分型面检查】命令，在【菜单管理器】菜单中将弹出【零件曲面检测】子菜单，默认的检测方式为自相交检测，如图2-24所示。按信息提示选取要检测的分型面，信息栏中将显示自相交检测结果，如图2-25所示。

⇨ 选择要检测的曲面：
● 没有发现自相交。

图2-24 【零件曲面检测】子菜单　　　　图2-25 信息栏中的自相交检测结果

2. 轮廓检查

在【零件曲面检测】菜单中选择【轮廓检测】命令，即可执行分型面的轮廓检查。若分型面中有开口环（缝隙），系统将以红色线高亮显示。例如，分型面的外轮廓为开口环，高亮显示为红色，如图2-26所示。

图2-26 检查分型面外轮廓

当在【轮廓检查】子菜单中选择【下一个环】命令，系统将自动搜索分型面中其余缝隙部分，一旦检测到有缝隙，将红色高亮显示，如图2-27所示，在分型面内部检测到的缝隙，必须立即进行修改处理，以免造成体积块的分割失败。

32

图 2-27　检查分型面的内部缝隙

2.3.5　投影面积

当我们面对一个形状较为复杂的产品时，其分型线不容易确定，因此我们采取计算最大投影面积的方法来找到产品最大外形轮廓。

"投影面积"工具可以测量的对象包括：

单个曲面。

面组。

小平面。

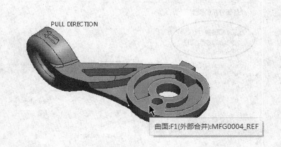

实体模型。

图 2-28　分型线不明确的产品

例如，图 2-28 所示的产品，形状是比较复杂的，而且模具开模方向也是错误的。

在功能区【分析】选项卡【模具分析】选项面板中单击【投影面积】按钮 ，系统弹出【测量】对话框，如图 2-29 所示。要计算投影面积，需要定义两个必须具备的要素：测量对象（产品）和投影方向，如图 2-30 所示。

图 2-29　【测量】对话框

图 2-30　定义投影平面

2.4　设置模型精度

重点

　　若需要程序以精度提示，可将【选项】配制文件里面的 enable_absolute_accuracy 选项设置为 yes，当组件模型精度和参照模型精度有误差时，程序会弹出信息提示窗口。

1.　精度类型

在 Creo1.0 中有两种设置模型精度的方法，包括相对精度和绝对精度。

（1）相对精度　是 Creo 中默认的精度测量方法，通过将模型中允许的最短边除以模型中尺寸计算得到，模型的中尺寸为模型边界框的对角线长度。

模型的默认相对精度为 0.0012，这意味着模型上的最小边与模型尺寸比率不能小于该值。例如，如果模型尺寸为 1000mm，模型最小边可以为 1.2mm（1.2/1000=0.0012），如果要创建非常小的特征可将精度增加到 0.0001，如果使用配置选项 accuracy_lower_bound，精度可达到 0.000001。

（2）绝对精度 通常应尽可能使用默认的相对精度，这可以使精度适应模型的尺寸改变。但有时需要知道按绝对单位表示的精度，为此就要使用绝对精度。绝对精度是按模型的单位设置的。例如，如果将绝对精度设置为 0.001，允许的最小边则为 0.001。

当通过从外部环境中输入、输出 IGES 文件或一些其他常用格式信息时主要使用的是绝对精度。

2. 设置精度

如果要从另一种 3D/2D 软件包传送文件至 Creo，需要将两个软件系统中的模型精度设置成相同的绝对精度，这将有助于最大限度地减小传送中的错误。

从外部环境载入其他软件包的模型文件后，在【文件】下拉菜单中依次选择【准备】|【模型属性】命令，打开【模型属性】窗口。然后按照如图 2-31 所示的步骤来设置模型的精度。

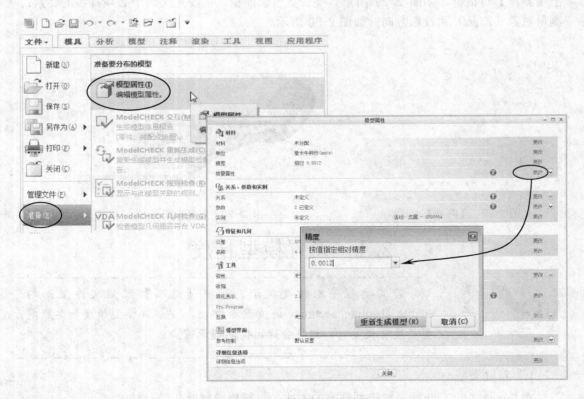

图 2-31　模型精度的设置

2.5 Creo1.0 Plastics Advisers 模流分析

Plastics Advisers（塑料顾问）是 Creo 向用户提供的一套简易的模流分析系统。使用 Creo 的塑料顾问进行塑料填充分析，能使模具设计人员在产品设计和模具设计初期对产品进行可行性评估，同时优化模具设计。

2.5.1 Plastics Advisers 的安装

Plastics Advisers 模块是伴随 Creo1.0 一起进行安装的。也就是说，在安装 Creo1.0 过程中只需要选择 Creo Plastics Advisers 选项进行安装即可，如图 2-32 所示。

安装完成后启动 Creo1.0，然后进入建模环境。在【文件】下拉菜单中选择【另存为】|【Plastics Advisers】命令，就可以使用 Plastics Advisers 进行模型分析了，如图 2-33 所示。

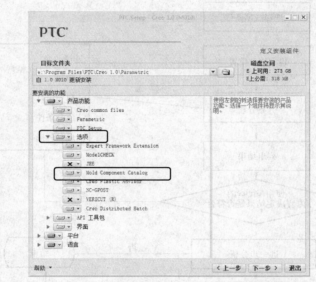

图 2-32 Creo Plastics Advisers 的安装

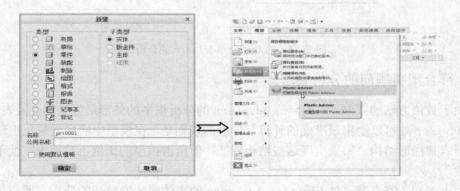

图 2-33 使用 Plastics Advisers

2.5.2 Plastics Advisers 分析流程

Creo Plastics Advisers 分析流程如图 2-34 所示。

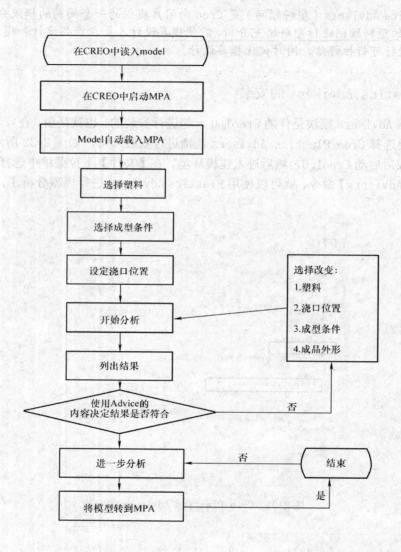

图 2-34 Plastics Advisers 的分析流程

2.5.3 符合塑料顾问的分析要求

由于数值方法的限制，Plastics Advisers 的分析模型的外形最好是薄壳及表面模型，这样 Adviser 才可以给出最准确的计算。一般的规则是，在模型中应尽量避免出现实心的圆锥形或圆柱形结构。如果出现这些结构特征，但所占模型的比例不是很大，就不需要进行修改。

由上得知，唯有薄壳件 Plastics Advisers 的表达式才能精却的分析，薄壳件的定义是：

考虑模型局部区域的长度和宽度的平均，图 2-35a 中，25 和 15 的平均数是 20。

确认厚度小于长宽平均数的 1/4。图 2-32a 中，3 小于 20 的 1/4，所以这样的分析模型 Plastics Advisers 是可接受的。

图 2-35b 的模型是符合分析条件的，而图 c 是不符合的。

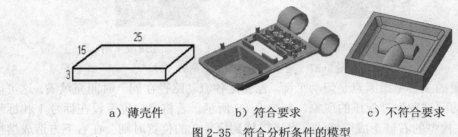

a）薄壳件   b）符合要求   c）不符合要求

图 2-35　符合分析条件的模型

2.5.4　塑料流动基础

应用 Plastics Advisers 分析模型，必须先了解塑料流动的基础知识。塑料流动基础知识包括塑料注射成型、浇口位置、结晶性、模具类型、流道系统设计等方面

1.　塑料注射成型

塑料注射成型的整个过程由 3 个阶段组成：充填阶段、加压阶段和补偿阶段。

（1）充填阶段：充填阶段时塑料被注射机的螺杆挤入模腔中直到填满。当塑料进入模腔时，塑料接触模壁时会很快的凝固，这会在模壁和熔料之间形成凝固层。

如图 2-36 所示，图中显示塑料流波前如何随着塑料往前推挤时而产生的扩张。当流动波前到达模壁并凝固时，塑料分子在凝固层中没有很规则排列，一旦凝固，排列的方向性也无法改变。红色箭头代表熔融塑料的流动方向，蓝色层代表凝固层，而绿色箭头代表熔融塑料向模具的传热方向和熔融塑料之间形成凝固层。

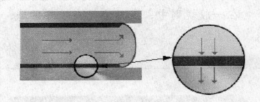

图 2-36　熔料与模壁之间形成凝固层

（2）加压阶段：在模腔充填满之后紧接着是加压阶段，虽然所有的流动路径在上一个阶段都已经充填完成，但其实边缘及角落都还有空隙存在。特别是远离浇口位置的区域，极不容易充满，此时就需要在这个阶段增加充填压力将额外的塑料挤入模腔，使之完全充满。

如图 2-37 所示，在充填阶段末期可看到未充填的死角（左图中圆圈内），加压后熔料完全充满整个模腔（右图）。

（3）补偿阶段：塑料从熔融状态冷凝固到固体时，会有大约 25%的高收缩率，因此必须将更多的塑料射入模腔以补偿因冷却而产生的收缩，这是补偿阶段。

2.　浇口位置

浇口位置即塑料射入模腔的位置。在 MPA 中因无流道系统，所以在各浇口会以相同的压力将塑料注入模腔，该压力在注射的过程会以指数的方式增加。

充填阶段末期　　　　　　　　　　　加压阶段末期

图 2-37　充填末期与加压末期的差异

浇口位置的主要考虑因素是流动平衡，也就是各流动路径在同一时间充填满。这可以预防先充满的区域发生过保压的现象，如图 2-38 所示，若将浇口位置设在标号 1 和标号 2 处，则会在模型的右侧形成熔接线，当浇口移到标号 3 的位置时则会在右下方造成熔接线。

有些情况下，可以选择一个以上的浇口，再将产品均匀划分成几个区域，这样在充填时可使各区域同时充填满，并缩短注射时间，如图 2-39 所示。

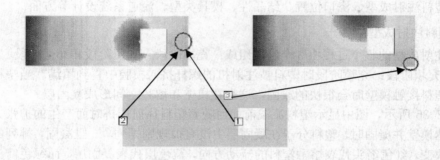

图 2-38　浇口位置的差异导致的制件缺陷

在一般规则中，浇口应设在较厚区域，而不应该设在较薄的区域。

图 2-39　多浇口设定并划分区域

3. 结晶性

塑料分子是由原子组成的长链，如图 2-40 所示，长分子链能规则排列（结晶），无规则排列（非结晶），或是部分有规则（半结晶）。

（1）收缩、翘曲与结晶：如果产品在所有的区域和方向上保持收缩一致，则它就不会产生翘曲。若产品在不同方向上收缩，就会产生翘曲，如图 2-41 所示。

通常，结晶材料比非结晶材料收缩率要大。这意味着产品在不同方向上结晶，也就会在不同方向上收缩，因此会产生翘曲，如图 2-40 所示。

图 2-40　塑料份子结晶

图 2-41　收缩不均产生的翘曲

（2）结晶的产生：半结晶材料有着结晶的倾向，但是在成型中，结晶度受熔体冷却速率的影响。熔体冷却速率越快，结晶度就低，反之亦然。如果产品的某个区域冷却速度慢，则这一区域有高的结晶性，因此收缩也会大一些。

图 2-42　不同方向的结晶而产生的翘曲

（3）影响熔体的冷却速率的两个主要因素：影响熔体的冷却速率的两个主要因素是：模温和几何尺寸。模温越高，维持高熔体温度的时间也越长，这将延迟熔体的冷却。

相对于制件的几何尺寸这个因素，产品壁厚薄的地方冷却快一点，因此收缩比较小。这是由于在注射成型中，厚的区域比薄的区域冷却慢，于是结晶度会大一点，并有大的体积收缩。另一方面，薄的区域冷却的较快，因此结晶度比较小，体积收缩率也比用热力学数据（PVT）预测的要低。

4．模具类型

模具按模腔数量来分，可分为两板模和三板模。两板模是最常用的模具类型，与三板模比较，两板模具有成本低、结构简单及成型周期短的优点。

（1）单模腔两板模：许多单穴模具采用两板模的设计方式，如果成型产品只用一个浇口，不要流道，那么塑料会由竖流道直接流到型腔中。

（2）多模腔两板模：一模多穴和家族模腔可以使用两板模，但是这种结构限制进浇的位置，因为在两板模中流道和浇口也位于分型面上，这样它们才能随开模动作一起工作，如图 2-43 所示。

一模多穴的模具，达到流动平衡对设计流道是重要的。对于一模多穴而言，使用常用的两板模结构，使各模腔的流动到达平衡比较困难，因此可用三板模或者用热流道的两板模代替。

图 2-43　多模穴两板模

（3）热流道两板模：热流道两板模能保证塑料以熔融状态通过竖流道、横流道、浇口，只有到了模腔时才开始冷却、凝固。当模具打开时，成品被顶出，当模具再次关闭时，流道中的塑料仍然是热的，因此可以直接充填模腔，此种模具中的流道可能由冷热两部分组成，如图2-44所示。

（4）三板模：三板模的流道系统位于与主分型面平行的拨料板上，开模时拨料板顶出流道及衬套内的废料，在三板模中流道与成品将分开顶出，如图2-45所示。

当整个流道系统不能与浇口放于同一平板上时，使用三板模。这是因为：

模具包含多穴或家族模腔

一模一穴较复杂的成品需要多个进浇点

进浇位置在不便于放流道的地方

平衡流动要求流道设计在分型面以外的地方

图2-44　热流道两板模　　　　　　　图2-45　三板模

重点

"一模多穴"是指同一模具中成型多个相同产品。"家族模穴"是沿海一带对一模多件的叫法，即就是在同一模具中成型多个不同产品。此类产品一般为装配件。

5．流道系统设计

浇口、主流道（也叫竖流道）与分流道是用来将熔胶从喷嘴传输到每个模腔的进浇位置的工具，图2-46所示为多模腔两板模的典型流道系统。

图2-46　多模腔两板模的典型流道系统

（1）浇口设计：在设计浇口之前，应使用Plastics Advisers的最佳浇口位置分析工具对每个模腔进行分析，以便找到合理的浇口位置。

对于外观要求很高的产品，浇口应设计得窄小一些，以免在外观面留下大的痕迹。

若将浇口设计得短一些，可避免因浇口处产生大的压力降，但会使浇口与流道的接触角太尖，阻碍胶体的流动，此时应在连接处做一个圆角。

（2）分流道设计：分流道的设计影响到使用材料的用量以及产品的品质。假如每个模腔的流动不平衡，过渡保压和滞流就会引起较差的产品品质。又长又不合理的分流道设计，能引起较大的压力降并且需要较大的注射压力。

一般来讲，应使流道尽可能短，尽可能有较小的射出重量，并提供平衡的流动，图2-47所示为典型的平衡式多模腔分流道布置图。

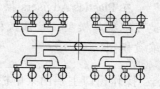

图 2-47　平衡式分流道布置

对于非平衡式流道系统，各个型腔的尺寸和形状相同，只是诸型腔距主流道的距离不同而使得浇注系统不平衡，这也使得填充不平衡，如图 2-48 所示。

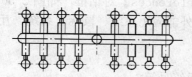 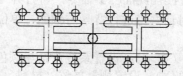

图 2-48　非平衡式分流道布置

（3）主流道：主流道是与注射喷嘴接触，延伸进入模具的部分，在单模腔的只有一个进浇位置的模具中，主流道与模腔壁相交汇。主流道的开口要尽可能小，但是必须完全充满模具。主流道上的锥角应该足够大，使它能被容易推出，但也不能太大，因为冷却时间和所使用的材料会随着主流道直径的增加而变大。

2.5.5　Creo 塑料顾问

在 Creo 建模环境下打开产品模型，然后在菜单栏执行【应用系统】→【Plastics Advisers】命令，弹出【选取】对话框。若用户使用【基准点】工具在要创建浇口处设置基准点，可选取该基准点而进入 Plastics Advisers 应用系统，没有预先设置基准点，则直接单击【选取】对话框【确定】按钮 确定 ，之后将打开 Plastics Advisers 主窗口，如图 2-49 所示。

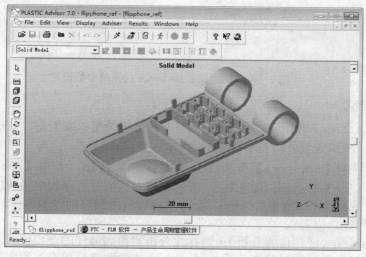

图 2-49　Creo Plastics Advisers 主窗口

重点

在 Plastics Advisers 操作窗口中，鼠标的用法如下：按住鼠标左键可以翻转模型，按住鼠标右键可以平移模型，按住鼠标中键可以缩放模型。

Plastics Advisers 操作窗口主要由菜单栏、上工具栏、左工具栏、图形分析区域及下方的工作标签区域 5 部分构成。

1. 参数设置

在模型分析之初，可对 Plastics Advisers 的运行环境进行参数设置。在菜单栏执行【File】|【Preferences】命令，可打开【Preferences】对话框，如图 2-50 所示。

通过该对话框可进行背景与颜色、单位、外部应用系统、鼠标、系统、互联网等参数设置：

Display（显示）：设置系统背景与颜色。

Unit（单位）：设置测量单位、材料、货币符号等。

External Programs（外部应用系统）：设置从外部载入的应用系统。

System（系统）：设置模型的旋转、亮度、渲染，以及视图模式、视图数量等。

Mouse Mode（鼠标）：设置鼠标快捷键。

Internet（互联网）：设置互联网的连接与更新等。

Consulting（顾问）：设置邮件发送。

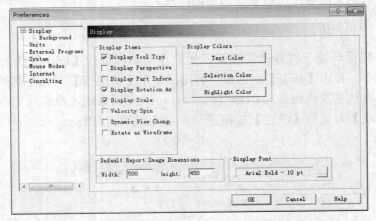

图 2-50　Plastics Advisers 的系统参数设置

2. 分析类型

Creo 的 Plastics Advisers 系统中，共有 5 种分析类型：成型窗口分析、浇口位置分析、充填分析、冷却质量分析和缩痕分析。

在上工具栏的【Advisers】分析工具条中单击 ✗ 按钮，弹出【Analysie Wizard-Analysie seletion】对话框，如图 2-51 所示。该对话框分析序列中的选项含义如下：

Molding Windows（模型窗口分析）：此分析可以给出最好的成型条件，运行此分析前，必须指定材料和浇口位置。

Gate Location（浇口位置分析）：运行此分析将得到最佳的浇口位置。

Plastic Filling（塑料填充分析）：此分析用来检测塑料填充过程中的流动状态。

Cooling Quality（冷却质量分析）：此分析可协助确认修改造型的几何，以避免因不同的冷却方式所造成的变形。

　　Sink Marks（缩痕分析）：此分析用来检测模型是否会产生缩痕及凹坑等缺陷。

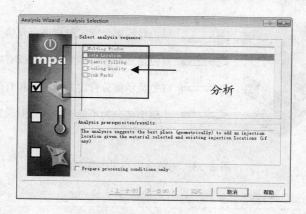

图 2-51　【Analysie Wizard- Analysie seletion】对话框

3．分析结果

　　使用 Plastics Advisers 分析模型，关键是要会查看分析结果，以此找到解决产品产生缺陷的方法。

　　Plastics Advisers 每一次分析结束后，将分析结果列表于【Rusults】工具条中，例如作塑料充填分析，其结果如图 2-52 所示。

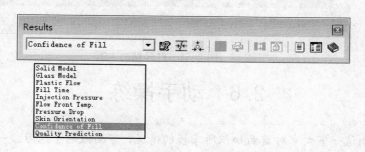

图 2-52　塑料充填分析结果列表

　　用户在该列表中选择一个分析结果选项，图形分析区域中则用各种颜色来显示模型，以表达出该分析结果。充填可行性结果把模型显示为绿色、黄色、红色以及半透明部分，如图 2-53 所示。

　　在质量分析结果中，图 2-53 中所示的几种颜色将表达不同的含义：

　　绿色表示为高的表面质量。

　　黄色表示表面质量可能有问题。

　　红色表示这部分有明显的表面质量问题。

　　半透明部分表示不能充填，有短射现象。

　　如果质量结果有红色或黄色显示，则产品有质量问题。为了精确地找出在产品中发生了什么问题，用户可通过单击【Results】工具条上的【Help on displayed results】按钮，打开相关的帮助主题来解决，如图 2-54 所示。

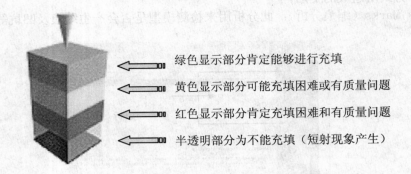

绿色显示部分肯定能够进行充填

黄色显示部分可能充填困难或有质量问题

红色显示部分肯定充填困难和有质量问题

半透明部分为不能充填（短射现象产生）

图 2-53　充填分析结果的颜色解析

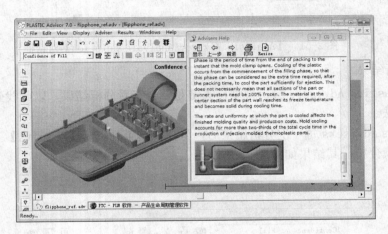

图 2-54　打开帮助主题

2.6　动手操练

为了测试一下大家对前面知识所掌握的情况，下面做两个练习。一个是模型检测，另一个则是塑料顾问分析。

2.6.1　模型预处理分析

模型的拔模检测结果如图 2-55 所示，厚度检测结果如图 2-56 所示。

图 2-55　拔模检测结果

图 2-56　厚度检测结果

钻机手柄外壳产品的脱模方向为垂直于最大外形线方向，且始终是+Z方向，此方向也作为拔模检测方向。模型预处理的具体操作步骤如下。

操作步骤

01 启动 Creol.0，然后单击【打开】按钮 🗁，通过打开的【文件打开】对话框将随书光盘中的"钻机手柄.prt"文件打开，如图 2-57 所示。

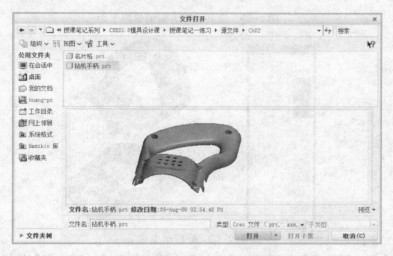

图 2-57 打开钻机手柄模型

02 在【应用系统】选项卡的【工程】面板中单击【模具/铸造】按钮 ⬬，进入模具设计环境。

03 在【模具和铸造】选项卡的【分析】面板中单击【模具分析】按钮 ▤，系统弹出【模具分析】对话框。然后在对话框中选择【拔模检测】类型，并选择钻机手柄作为分析对象，如图 2-58 所示。

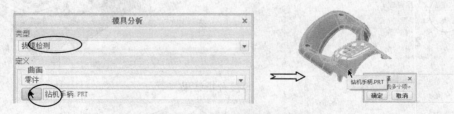

图 2-58 选择检测类型和检测对象

04 单击【模具分析】对话框中的【选择平面】按钮 ▸，然后在模型树中选择 PP 基准平面作为方向的参照平面，如图 2-59 所示。

05 在【角度选项】选项组中选择【双向】单选选项，然后单击【计算】按钮执行分析，分析结果如图 2-60 所示。

06 从检测结果看，产品外表面均为紫色显示（拔模角度大于设定的 0°），产品内部为蓝色显示（拔模角小于设定的 0°），这说明产品的拔模角度是合理的，并且能保证顺利脱离模具。完成拔模检测后，关闭【模具分析】对话框。

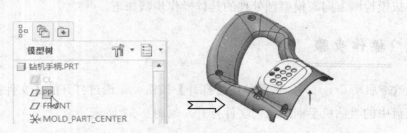

图 2-59   选择拔模方向的参照平面

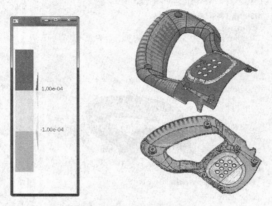

图 2-60   分析结果显示

07 在【模具和铸造】选项卡的【分析】面板中单击【厚度检测】按钮，系统弹出【模型分析】对话框。然后按如图 2-61 所示的步骤进行操作。

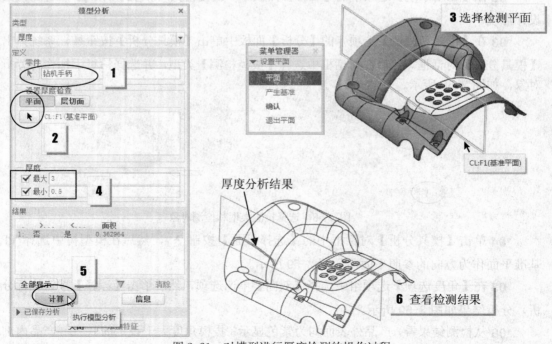

图 2-61   对模型进行厚度检测的操作过程

46

08 从厚度检测结果看，在模型内部检测平面中均为蓝色线显示，则说明该产品符合成型设计要求。最后关闭【厚度】对话框结束操作。

2.6.2 塑料顾问分析

Creo 中的 Palstc Adviser 模块主要分析产品中的塑料流道情况，以帮助设计师提高产品的外观质量。下面用一个名片盒模型的最佳浇口位置分析和流道分析的实例来说明此分析模块的实际应用。名片格产品如图 2-62 所示。

1. 最佳浇口位置分析

在对模型进行最佳浇口位置分析时，需要指定分析材料、模具温度、最大注射压力等参数，使分析的结果逼近真实。

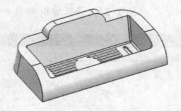

图 2-62　名片盒产品

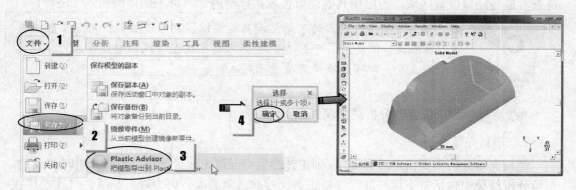

操作步骤

01 从本例光盘中打开名片盒模型。然后设置工作目录。

02 按如图 2-63 所示的操作步骤，启动 Plastic Adviser 模块。

03 在 Plastic Adviser 应用系统中，单击【Adviser】工具条中的分析向导按钮 ✗，弹出【Analysie Wizard- Analysie seletion】对话框。然后选择【Gate Laction】类型，并单击【下一步】按钮，如图 2-64 所示。

04 在选择材料的对话框中选择 GE Plastic（USA）材料供应商和 Cycolac 28818E 材料，随后单击【下一步】按钮，如图 2-65 所示。

图 2-63　启动 Plastic Adviser 模块

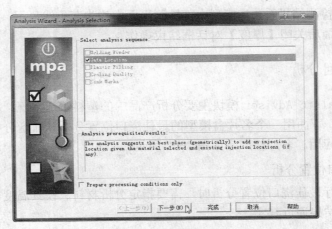

图 2-64　选择分析类型

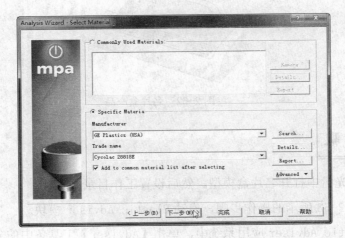

图 2-65　选择材料

05 在工艺条件的选择对话框中，保留默认的模具温度和注射压力参数，单击【完成】按钮，系统执行分析，如图 2-66 所示。

06 经过一定时间的计算分析后，得出最佳浇口位置的分析结果，如图 2-67 所示。通过查看最佳浇口位置区域，得出模具的浇口位置在模型内部，可采用"潜伏式"浇口。

> 有些时候，为了简化模具结构以提高经济效益，对于多腔模具来说，常使用"侧浇口形式"。只需在注塑阶段调整注塑压力或模具温度，即可解决产品质量问题。

07 将最佳浇口位置的分析结果保存。

2. 塑料充填分析

塑料充填分析需要指定注射浇口，则工艺参数可保留先前最佳浇口位置分析时的设置。充填分析结果中包括有充填时间、注射压力、波前流动温度、压力降、品质、气孔及熔接线等。

48

图 2-66 执行最佳浇口位置分析

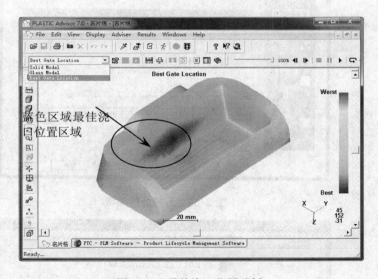

图 2-67 最佳浇口位置分析

操作步骤

01 在【顾问】分析工具条中单击【拾取进浇位置】按钮，然后在最佳浇口位置（蓝色区域）内设置一注射浇口，如图 2-68 所示。

02 浇口设置后单击 按钮并进入分析顺序选择页面，弹出【Analysie Wizard-Analysie seletion】对话框。然后选择【Plastic Filling】类型，并单击【完成】按钮，如图 2-69 所示。

03 弹出如图 2-70 所示的结果概要对话框。该对话框显示了充填分析结果摘要，包括材料、注射参数等。

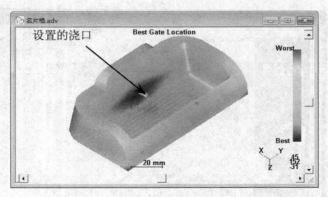

图 2-68　设置注射浇口

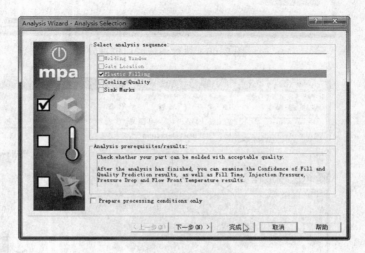

图 2-69　选择分析类型

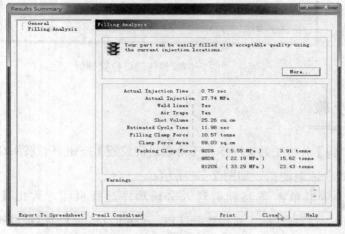

图 2-70　分析结果摘要

04 单击该对话框的【Close】按钮，接受分析结果。最后单击菜单栏上的【SAVE】按钮 🔲，将塑料充填分析结果保存。

塑料充填分析完成后，可以从【结果】工具条上的分析结果列表中选择结果选项进行查看。

填充时间：充填时间结果用一系列颜色来表示充填时间从最先充填区域（红色）到最后充填区域（蓝色）的变化过程。名片格模型的填充时间如图 2-71 所示，总共花了 0.75s 就完成充填过程。

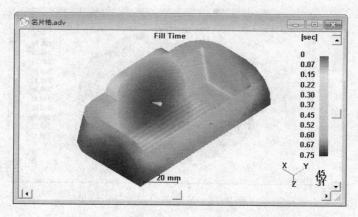

图 2-71　填充时间

　重点　　　填充时间分析结果的用意是用来解决塑料融体在充填过程中是否能同时充填整个模具型腔。用充填时间有助于理解熔接线与气孔是怎样形成的。

注射压力：注射压力是用一系列的颜色表示压力从最小区域（用蓝色表示）升到最大区域（用红色表示）的变化过程。注射压力分析结果如图 2-72 所示。

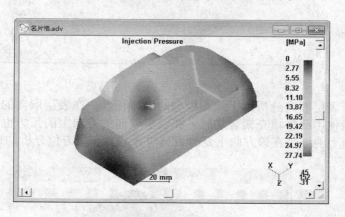

图 2-72　注射压力分析结果

　重点　　　注射压力结果和压力降结果连接在一起使用，能解释得更加清晰。例如，即使产品的某一部分有可接受的压力降，但在同一区域的实际注射压力可能太高了。若注射压力过高，可导致过保压现象。

流动前沿温度：流动前沿温度是用一系列的颜色来表示波前温度从最小值（用蓝色表示）到最大值（用红色表示）的变化过程。流动前沿温度分析结果如图 2-73 所示。颜色代

表的是每一个点充填时该点的材料温度。

压力降：压力降是用来决定充填可行性的因素之一。假如压力降超过目标压力的 80%，充填可行性就显示为黄色，若达到了目标设定的 100%，可行性就显示为红色，如图 2-74 所示为压力降分析结果。在模型上每一位置的颜色代表的是该位置充填瞬间从进浇点到该位置的压力降。

图 2-73　流动前沿温度分析结果

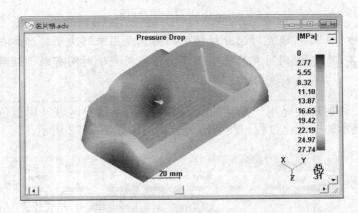

图 2-74　压力降分析结果

表层取向：表层取向分析用于预测模型的机械特性。在表层取向的方向上，一向是冲击力较高的。当使用纤维填充聚合物时，在表层取向的方向上的张力也是较高的，这是因为分析模型表面上的纤维在该方向上是一致且对齐的。表层方位分析结果如图 2-75 所示。

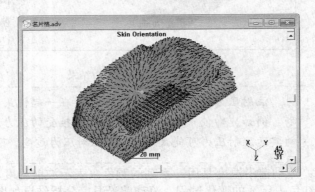

图 2-75　表层取向分析结果

填充可靠性：填充可靠性显示了塑料充填模腔内某一区域的可能性。这个结果来源于压力和温度的结果。填充可行性结果把模型显示为绿色、黄色、红色，如图 2-76 所示。

质量预测：质量预测分析估量的是产品可能出现的质量和它的力学性能，这个结果来源于温度、压力和其他的结果。质量预测分析结果如图 2-77 所示。从结果中可以看出，整个模型中塑料填充的效果非常好，说明浇口位置、注射压力、模具温度等参数很正确。

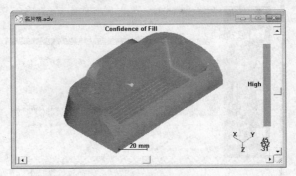

图 2-76　填充可行性分析结果

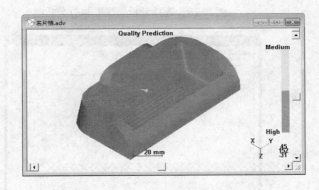

图 2-77　质量预测分析结果

3．冷却质量分析

冷却质量分析将有助于构建一个良好的模具冷却系统。例如，分析得知模型某处的冷却质量高或低，可以确定冷却通道与模型表面之间的距离，以此获得高质量的产品。

操作步骤

01 单击分析向导按钮 ，然后进入分析顺序选择页面，在分析序列列表中勾选【Cooling Quality】选项，然后单击该页面的【完成】按钮，系统开始执行冷却质量分析，如图 2-78 所示。

02 弹出结果概要对话框。单击该对话框的【Close】按钮，接受分析结果，如图 2-79 所示。

03 单击菜单栏【SAVE】按钮 将冷却质量分析结果保存。冷却质量分析结果中，产品表面温度差异和冷却质量对产品质量有重大影响，介绍情况如下。

产品表面温度差异：冷却分析结果中的表面温度变化反映了模型上的冷却效果。当模型中有高于正常值的区域时，说明该区域需要被冷却。也就是说，在该区域处应该合理设计冷却系统来冷却制品，以免产生收缩、翘曲等缺陷。产品表面温度差异的分析结果如图2-80所示。

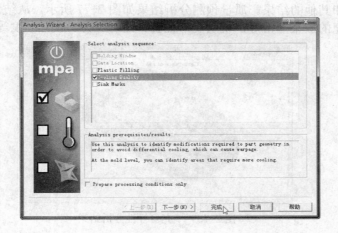

图 2-78   选择分析类型并执行分析

图 2-79   冷却质量分析的结果概要

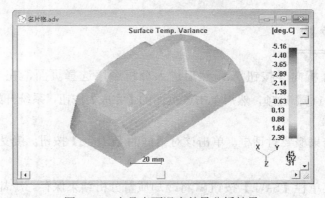

图 2-80   产品表面温度差异分析结果

冷却质量：冷却质量的分析结果反映了模型中何处冷却质量高、何处低，如图2-81所示，图中绿色代表最高质量，黄色次之，红色最低。

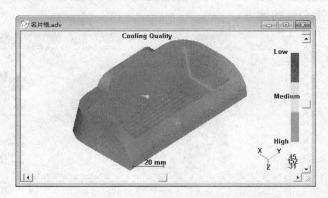

图 2-81　冷却质量分析结果

4．缩痕分析

缩痕分析结果用来表示缩痕或凹坑在模型中的位置，这是经由表面反面特征收缩引起的。典型的缩痕一般发生在造型厚实的部分，或在加强筋、毂、内部圆角处。

操作步骤

01 单击分析向导按钮，然后进入分析顺序选择页面，在分析序列列表中勾选【Sink Marks】选项，再单击该页面的【完成】按钮，系统开始执行缩痕分析，如图 2-82 所示。

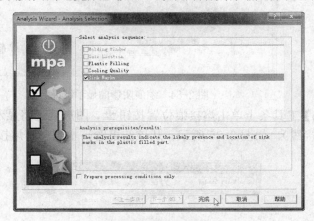

图 2-82　选择分析类型并执行分析

02 随后弹出【结果概要】对话框。单击该对话框的【结束】按钮，接受分析结果。

03 最后单击菜单栏上的【SAVE】按钮，将缩痕分析结果保存。

缩痕分析完成后，选择该分析中的"缩痕估算"和"缩痕阴影"结果进行查看。

缩痕估算：缩痕估算分析是用来检查模型表面的凹坑情况的，如图 2-83 所示，图中模型表面的凹坑主要集中在加强筋、BOSS 柱和内部圆角上，红色表示缩痕最大，蓝色为最小。

缩痕阴影：缩痕着色用半透明的色彩表示缩痕位置区域，如图 2-84 所示。

5．熔接痕位置

熔接痕位置的分析结果用以显示模型中焊接线和融合线的所处位置。焊接线和融合线也是两个波流前锋会合的地方。

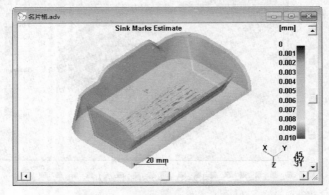

图 2-83　缩痕估算的分析结果

焊接线和融合线的区别是，当波流前锋会合时，角度值小于 45°则形成融合线，角度值大于 45°则形成焊接线。

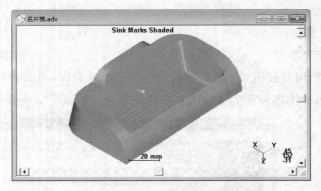

图 2-84　缩痕阴影的显示结果

在【Results】工具条上单击熔接痕位置按钮，图形区中将显示熔接痕分布结果（图中红色条纹为熔接线），如图 2-85 所示。从该结果看，本例没有熔接痕。

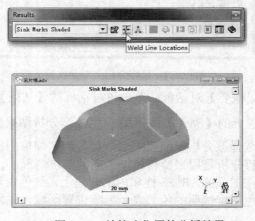

图 2-85　熔接痕位置的分析结果

6. 气穴位置

气穴位置表示的区域是两股或两股以上的流体末端相遇的区域，气泡在这一区域受到压制。结果中着重指出的区域为可能产生气孔的区域。

气穴产生的原因有填充不平衡、赛马场效应和滞流等。

在【Results】工具条上单击气穴位置按钮 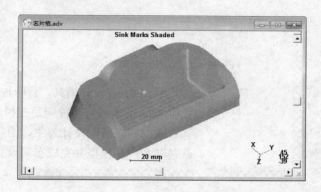，图形区中将显示气穴分布结果，如图 2-86 所示。分析完成后，将所有的分析结果保存。

图 2-86　气穴位置

第 3 章　模型的装配与布局

利用 Creo 设计模具,有两种方式:在零件设计模式中手动设计;另一种则是在模具设计模式中装配设计。本书则以装配设计为主,因此模具设计的第 2 步就是装载产品模型并完成布局设计。

学习目标:

- 模型装配
- 模型布局
- 工件与收缩率
- 应用收缩
- Creo 工件的创建

3.1　模型装配设计概述

在 Creo 的模具设计模式中工作，首先得装载参考模型，即我们所说的产品模型。然后才是布局设计、创建模具工件及应用收缩率等步骤。

参考模型是实际被装配到模型中的组件。参考模型由一个叫做合并(Merge)的单一模型所组成。这个合并特征维护着参考模型及设计模型间的参数关系。下面就介绍参考模型的装载与布局的相关内容。

3.1.1　参考模型类型

通常，参考模型几何以设计模型几何为基础。参考模型和设计模型常常是不相同的。设计模型并不总是包含成型或铸造技术要求的所有必需的设计元素，也就是说，设计模型未收缩，且不包含所有必要的拔模斜度和圆角。而参考模型通常要创建模型收缩和缺失设计元素。

有时设计模型包含有需要进行后成型或后铸造加工的设计元素，在这种情况下，这些元素应在参考模型上更改。参考模型有 3 种类型，如图 3-1 所示。

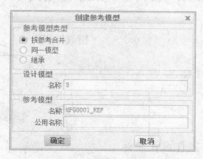

图 3-1　参考模型的 3 种类型

- 继承：参考模型继承设计模型中的所有几何和特征信息。用户可指定在不更改原始零件情况下要在继承零件上进行修改的几何及特征数据。继承可为在不更改设计模型情况下修改参考模型提供更大的自由度。
- 按参照合并：Creo 会将设计模型几何复制到参考模型中。在此情况下，从设计模型只复制几何和层。它也将把基准平面信息从设计模型复制到参考模型。如果设计模型中存在某个层，它带有一个或多个与其相关的基准平面，会将此层的名称以及与其相关的基准平面从设计模型复制到参考模型中。层的显示状态也被复制到参考模型。
- 同一模型：Creo 会将选定设计模型用作模具或铸造参考模型。

3.1.2 Creo 的三种模型

通常，要在 Creo 中进行设计工作，需要理清一些概念，以免产生不必要的麻烦。例如，Creo 中常常分不清什么是设计模型、参考模型或模具模型？下面我们介绍它们之间的相互关系。

1.　设计模型和参考模型的关系

设计模型和参考模型的关系取决于用来创建参考模型的方法。装配参考模型时，可使参考模型从设计模型继承几何和特征信息。继承可使设计模型中的几何和特征数据单向且相关地向参考模型中传递。最初，继承特征所具有的几何和数据与衍生出该特征的零件完全相同。用户可在继承特征上标出要修改的特征数据，而不更改原始零件。这将为在不更改设计模型情况下修改参考模型提供更大的自由度。

也可将设计模型几何复制（按参照合并）到参考模型中。在此情况下，从设计模型只复制几何和层。可将收缩应用到参考模型，创建拔模、倒圆角和其他不影响设计模型的特征。但是，在设计模型中的所有改变将自动反映到参考模型中。

另一种方法是，可将设计模型指定为"模具"或"铸造"参考模型。在此情况下，它们是相同模型。

在所有情况下，当在"模具"或"铸造"中工作时，使用参考模型的几何可设置设计模型与模具或铸造元件之间的参数关系。由于建立了此关系，当改变设计模型时，参考模型和所有相关的模具或铸造元件都将更新以反映所做的修改。

2. 模具模型

将参考模型加载进模具模式后，窗口中的所有的模型布局都称为模具模型。

Creo 设计模型如图 3-2 所示，模具模型如图 3-3 所示。

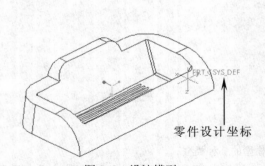

图 3-2　设计模型

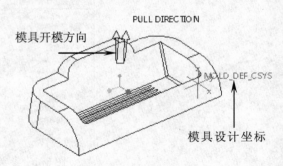

图 3-3　模具模型

> 如果想要或需要将额外的特征增加到参考模型，这会影响到设计模型。当创建多腔模具时，每个腔中都存在单独的参考模型，而且都参考到其他的设计模型。同族的将有个别的参考模型，指回它们个别的设计模型。

3.1.3　模腔数的计算

技术和经济的因素是确定注射模模腔数目的主要因素，将这两个主要因素具体化到设计和生产环境中后，它们即转换为具体的影响因素，这些因素包括注射设备、模具加工设备、注射产品的质量要求、成本及批量、模具的交货日期和现有的设计制造技术能力等。这些因素主要与生产注射产品的用户需求和限制条件有关，是模具设计工程师在设计之前就必须掌握的信息资料。

出于在模具开始设计时，不清楚怎样对模腔的数目、注射模系统和注射机进行组合，以使生产的注螺产品的成本最低，因此在进行模腔数计算和优化时，可将它们分成几个已知的基本因素，并将加以综合考虑。一般可将影响模腔的基本因素确定为注射产品的交货期、产品的技术要求和技术参数、注射产品的形状尺寸及成本、注射机等，并有下面的经验公式。

1. 由注射产品的交货期确定模腔数目

如果对注射产品的交货期有严格的要求时，一般按下式确定模腔数目 N_{date}

$$N_{data} = \frac{12KSt_{cyc}}{3600t_{work}(t_0 - t_m)}$$

式中　K —— 故障因子，一般为 105（5%）；

　　　S —— 一副模具所指定的生产量；

　　t_{cyc} —— 注射成型周期（s）；

　t_{work} —— 一副模具一年使用时间（h）；

　　　t_0 —— 注射产品从定货到交货所用时间（月）；

　　　t_m —— 一副模具制造时间（月）。

2. 由技术参数确定模腔数目 N_{tec}

因为注射生产中所要求的技术参数很多，在一般情况下选取 5 个技术参数并对各计算结果进行综合考虑，最后确定满足各项技术参数要求的模腔数 N_{tec}。

（1）由锁模力确定的模腔数目 N_{t1} 为了保证生产质量和安全，整个注射成型部分的投影面积与生产时的注射压力应小于注射机的最大锁模力。因此，基于注射机锁模力的模腔数可由下式确定

$$N_{t1} = \frac{10fF_c}{AP_{inject}}$$

式中　f —— 无飞边出现的安全系数，一般取 1.2～1.5；

　　　F_c —— 最大锁模力（kN）；

　　　A —— 注射零件及浇注系统的投影面积（cm^2）；

　P_{inject} —— 最大注射压力（MPa）。

（2）由最小注射量确定模腔数目 N_{t2}

$$N_{t2} = 0.2V_S / V_F$$

式中　V_S —— 注射系统最大注射量（cm^3）；

　　　V_F —— 注射零件和浇注系统的体积（cm^3）。

用此式决定模腔数是为了保证塑料熔体在注射时的平稳流动，减少气体的包容，提高注射产品的质量。

（3）由最大注射量确定的模腔数目 N_{t3}

$$N_{t3} = 0.8V_S / V_F$$

此准则保证在注射保压阶段有足够的塑料熔体进行补缩，减少注射产品的缩陷，

提高产品的尺寸精度。

（4）由塑化速率确定模腔数目 N_{t4}

$$N_{t4} = \frac{3.6t_{cyc}R_P}{V_F\rho_M}$$

式中　R_P—— 注随机塑化能力（kg/h）；

　　　ρ_M—— 材料的比重（kg/cm³）。

（5）由注射机模板尺寸确定的模腔数目 N_{t5}。它代表在模板内可安装的成型产品的影面积。这排除了拆除一个导轨的情况下能增加可行安装面积的情况。

3．按经济性确定模腔数

根据总成型加工费用最小的原则，并忽略准备时间和试生产原材料费用，仅考虑模具费用和成型加工费。模具费为

$$X_m = nC_1 + C_2$$

式中　C_1——每一型腔所需承担的与型腔数有关的模具费用；

　　　C_2——与型腔数无关的费用。

成型加工费计算式为

$$X_j = N(\frac{yt}{60n})$$

式中　N——制品总件数；

　　　y——每小时注射成型加工费（元/h）；

　　　t——成型周期。

总成型加工费为

$$X = X_m + X_j$$

为使总成型加工费最小，令：

$$\frac{dx}{dn} = 0$$

则得　　　　$$n = \sqrt{\frac{Nyt}{60C_1}}$$

根据各约束和限制条件，确定合理模腔数的流程图如图3-4所示。

3.1.4 模腔的布局类型与方法

当确定模腔数后，就应设计模腔的布局了。由于注射机料筒通常位于定模板中心轴上，因此基本上它已确定了主流道的位置。在设计模腔布局时，应遵循下列原则：

1）所有模腔在相同温度和相同时间开始充填。

2）到各模腔的流程尽可能短，并且各模腔之间应保持足够的截面积，以承受注射压力。

3）注射压力中心应基本位于注射机模板的中心。

4）型腔布置和浇口位置应尽量对称，防止模具承受偏载而产生溢料现象。

5）圆形排列加工麻烦，除圆形制品和一些高精度制品外，在一般情况下常用 H 形排列和直线形排列，且尽量选用 H 形排列，因为该平衡性更好。

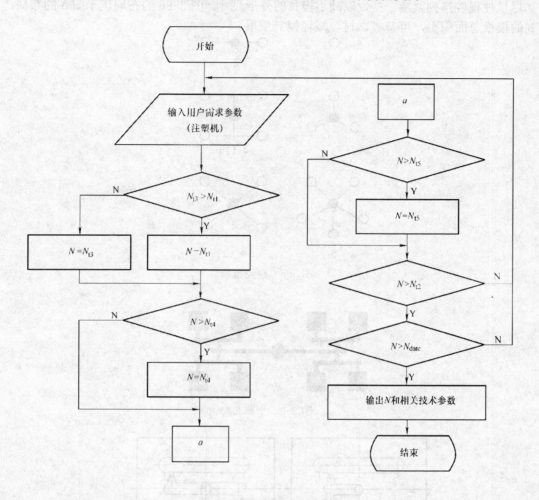

图 3-4　模腔数计算流程图

常用的模腔布局方案如图 3-5 所示。对于特殊要求的布局方案，系统应允许用户自己进行设计。在系统按一定模腔数设计完模腔布局后，还应对整个成型部分的压力中心进行校核计算，并提出相应的建议。

对于一模多腔或组合型腔的模具，浇注系统的平衡性是与模具型腔、流道的布局息息相关的。在进行多模腔布局设计时应注意如下几点：

1. 尽可能采用平衡式排列

尽可能采用平衡式排列，以便构成平衡式浇注系统，确保塑件质量的均一和稳定，如图 3-6 所示的平衡布局。

2. 模腔布置和浇口开设部位应力求对称

模腔布置和浇口开设部位应力求对称，以防止模具承受偏载而产生溢料现象，在图 3-7 中图 a 不正确，图 b 正确。

3．尽量使模腔排列紧凑

尽量使模腔排列紧凑一些，以减小模具的外形尺寸，图 3-8b 的布局优于图 a 的布局，图 b 的模板总面积小，可节省钢材，减轻模具质量。

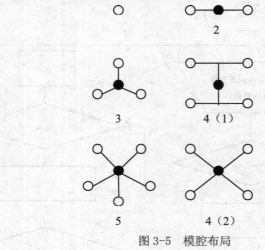

图 3-5　模腔布局

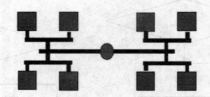

图 3-6　平衡布局

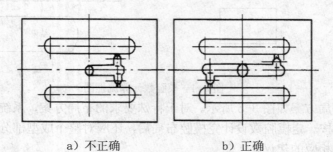

a）不正确　　　　　　　　b）正确

图 3-7　模腔的布局力求对称

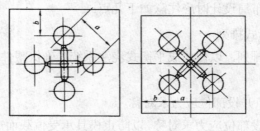

a）不正确　　　　　　　　b）正确

图 3-8　模腔的布局力求紧凑

4. 模腔的圆形排列

模腔的圆形排列所占的模板尺寸大，虽有利于浇注系统的平衡，但加工较麻烦，除圆形制品和一些高精度制品外，在一般情况下常用直线形和H形排列，从平衡的角度来看应尽量选择H形排列，图3-9b、c所示的布局比图a要好。

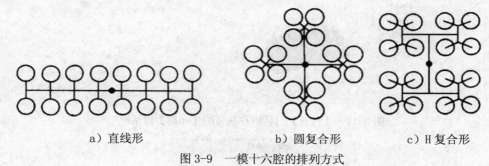

a）直线形　　　　　　　　b）圆复合形　　　　　　c）H复合形

图3-9　一模十六腔的排列方式

3.2　模型的布局

向模具中加载参考模型，首先要根据注射机的最大注射量、注射机最大锁模力、塑件的精度要求或经济性来确定模腔数目，然后再进行加载。根据模腔数目的多少，模具可以分为单腔模具和多腔模具，在CREO中包含有3种参考模型的加载方式，如图3-10所示。

图3-10　参考模型的加载方式

3.2.1　定位参考模型

在产品大批量生产中，为了提高生产效率，经常将模具的模腔布置为一模多腔。定位参照零件的方法给模具设计者提供了自动化的装配方式，它能够将参照零件以用户定义的排列方式放置在一起。此方式可在模型布局中创建、添加、删除和重新定位参照零件。

在【模具】选项卡【参考模型和工件】面板中单击【参考模型】|【定位参考模型】命令，系统弹出【打开】对话框和【布局】对话框（此时该对话框未被激活），如图3-11所示。

当通过【打开】对话框从系统路径中加载参考模型后，会再弹出【创建参考模型】对话框，如图3-12所示。

在【创建参考模型】对话框选择参考模型类型后，单击【确定】按钮，【布局】对话框才立即激活，该对话框包括 3 种布局方法：单一、矩形和圆形。"可变"不是布局方法，只是用来改变模型的方位。

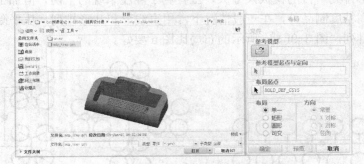

图 3-11　【打开】对话框和灰显的【布局】对话框

图 3-12　【创建参考模型】对话框

 重点　　　选择【按参考合并】或【同一模型】类型，只要实际模型发生了变化，则参照模型及其所有相关的模具特征均会发生相应的变化。

1．"单一"布局

"单一"是创建单个模腔布局的布局方法，Creo 将以参考模型的中心作为模具的中心。单击【布局】对话框中的【预览】按钮，可以时时观察布局的效果，图 3-13 所示为单一的模型布局。

单一布局特别适合那些产品尺寸较大且产量不高的模具。单一布局的模具多数为三板模（动模板、定模板和卸料板）。

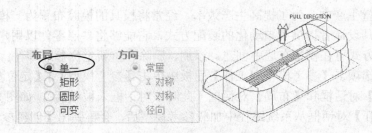

图 3-13　单一布局的选项设置

2．"矩形"布局

66

"矩形"布局是将参考模型排列成矩形，布局后的模腔数量可以为 2、4、6、8、10 等。图 3-14 所示为创建矩形布局的选项设置。

"矩形"布局多用于多模腔模具设计，通常产品尺寸较小且产量要求较高。

图 3-14 矩形布局的选项设置

3. "圆形"布局

"圆形"布局是将参考模型围绕布局中心排列成圆形，图 3-15 所示为创建圆形布局的选项设置。

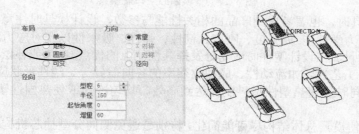

图 3-15 圆形布局的选项设置

4. "可变"设置

当为矩形的多模腔布局时，可以利用"可变"设置来更改参考模型在布局中的方位。图 3-16 所示为创建可变布局的选项设置。

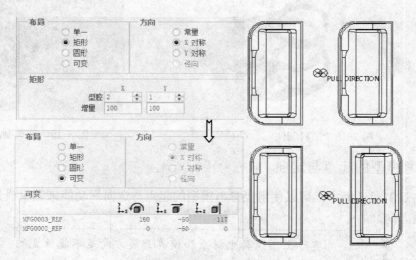

图 3-16 可变布局的选项设置

一模多腔异形布局

在模具制造领域，很多情况下需要进行一模异形多腔模具的设计，各腔内产出的零件在结构尺寸、体积重量上接近，只因具体功能不同而形成局部形状的差异，这时可以采用"参照模"方法进行多腔模具布局设计，图 3-17 所示为一模四腔广口瓶模具。

图 3-17　一模四腔广口瓶模具

在设计注射模具时，也要考虑到产品的相关性能与参数，设计模具时注意以下要点：

1）塑件的物理力学性能，如强度、刚度、韧性、弹性、吸水性以及对应力的敏感性，不同塑料品种其性能各有所长，在设计塑件时应充分发挥其性能上的优点，避免或补偿其缺点。

2）塑料的成型工艺性，如流动性、成型收缩率的各向差异等。塑件形状应有利于成型时充模、排气、补缩，同时能使热塑性塑料制品达到高效、均匀冷却或使热固性塑料制品均匀地固化。

3）塑件结构能使模具总体结构尽可能简化，特别是避免侧向分型抽芯机构和简化脱模结构。使模具零件符合制造工艺的要求。

4）对于特殊用途的制品，还要考虑其光学性能、热学性能、电性能、耐蚀性等，图 3-18 所示为塑料制件，图 3-19 所示为玻璃制品。

图 3-18　塑料制件

图 3-19　玻璃制品

3.2.2　参考模型的起点与定向

在【布局】对话框中，可以使用"参考模型的起点与定向"功能来编辑模具坐标系及模具的开模方向。

重点

实际上，模具坐标系和模具开模方向是不能改变的，因此要变动的是参考模型。

单击【选择】按钮 ⬚，将弹出【获得坐标系】菜单，如图 3-20 所示。菜单中包含两种坐标系设置类型：动态和标准。

1. 标准

"标准"类型表示通过单独打开的参考模型窗口（如图 3-21 所示），重新定义模型定位参考坐标系。参考坐标系可以是模具坐标系 MOLD_DEF_CSYS，也可以是产品坐标系 REF_ORIGIN，还可以是用户参考坐标系 CSO。

图 3-20　【获得坐标系】菜单

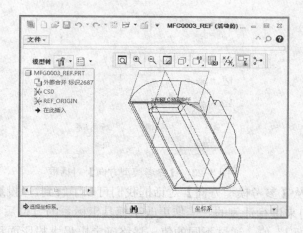

图 3-21　参考模型窗口

> 此窗口虽然是一个独立的窗口，但是没有编辑功能。它只是用来预览重定位的参考模型及坐标系等。

2. 动态

"动态"类型可以通过用户动态定义参考模型的方位来获取正确的模具开模方向。在菜单管理器中选择【动态】选项，将打开参考模型新窗口（见图 3-22）和【参考模型方向】对话框（见图 3-23）。

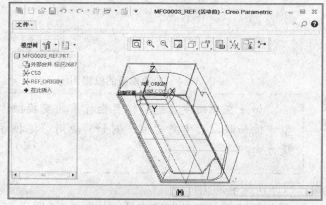

图 3-22　新打开的参考模型窗口

新打开的窗口中，放大显示模具坐标系，以便让您能更清楚地判断模具坐标系的+Z 方向是否与开模方向一致，若不一致，则可通过【参考模型方向】对话框的选项及参数来重新定义模具坐标系。

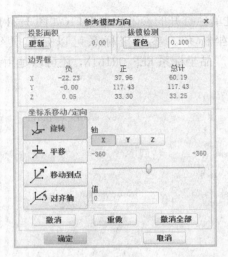

图 3-23　【参考模型方向】对话框

1）投影面积：从【参考模型方向】对话框我们可以了解到，"投影面积"的值是 Creo 按照默认的开模方向来进行计算的。当您更改了模具坐标系的方位后，单击【更新】按钮将获取新的"投影面积"值，通过不同的值，最终确定出最大投影面积时+Z 方向为模具开模方向。

例如，在如图 3-24 所示的图中，上图其投影面积是最大的，模具开模方向就在+Z 方向上。通常，产品的外表面在型腔侧，产品内表面在型芯侧，由此可以判定开模方向是指向产品外侧。

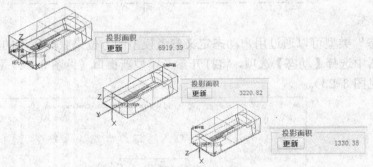

图 3-24　参考模型的投影面积

重点

　　如果在此处没有进行模具坐标系的变换操作，还可以在参考模型定位加载以后重新定位。例如，使用"拖拉方向"工具来更改开模方向。

更改模具开模方向操作步骤如下：

01 启动 Creo。然后新建模具型腔制造文件，如图 3-25 所示。

图 3-25　新建模具设计文件

02 进入模具设计模式后，利用【定位参考模型】命令，将产品加载到当前设计环境中，如图 3-26 所示。

图 3-26　加载参考模型

03 加载参考模型过程中，无须对模型进行重定位和布局，结果如图 3-27 所示。

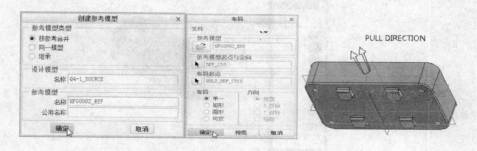

图 3-27　加载参考模型

04 从加载的情况看，显然模具开模方向不符合要求，需要更改。在【模具】选项卡【设计特征】面板中单击【拖拉方向】按钮，弹出菜单管理器。选择菜单管理器中的【坐标系】命令，然后在图形区选取模具坐标系作为定向参考，如图 3-28 所示。

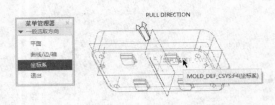

图 3-28 选取参考坐标系

05 选择参考坐标系后，再依次选择菜单管理器中的【Y 轴】|【反向】|【确定】命令，完成模具开模方向的更改，如图 3-29 所示。

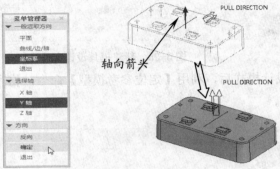

轴向箭头

图 3-29 模具开模方向的更改

重点

如果不清楚怎样选择参考轴，可以依次选择 X 轴、Y 轴或 Z 轴。然后通过观察轴向箭头的指向变化来确定正确的轴向。

2）拔模检测：【参考模型方向】对话框中的"拔模检测"功能用来检测参考模型的拔模状况，此功能与前面所介绍的"拔模检测"功能是相同的，只是在这里检测参考模型，可以帮助用户确定产品的开模方向。一般模型外表面大于设定的拔模值的，此面应为型腔面；小于设定值的面为型芯面；等于设定值的面则是竖直面，也是需要修改的面，图 3-30 所示为拔模检测的状态。

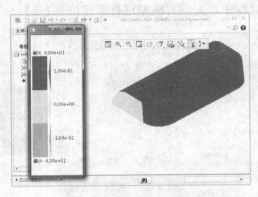

图 3-30 参考模型的拔模检测

3）边界框：边界框中的值供用户在后面进行工件设计时参考，这个边界框就是能够完全包容参考模型的最小实体尺寸。

4）坐标系移动/定向：当发现模具开模方向不正确时，需要使用"坐标系移动/定向"选项来重新定位。可以拖动滑块来预设，也可以在【值】文本框内输入值。

3.2.3 装配参考模型

"装配参考模型"适用于单模腔模具的参考模型加载。在【模具】选项卡【参考模型和工件】面板中单击【参考模型】|【装配参考模型】命令，然后通过【打开】对话框将参考模型加载，图形窗口顶部将弹出如图 3-31 所示的装配约束操控板。同时，设计模型将自动加入到模具模型中。

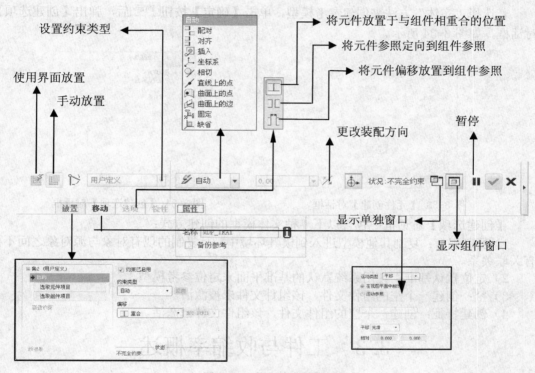

图 3-31　装配约束的操控板

在装配约束列表中选择相应的约束进行装配，使"状态"由"不完全约束"变为"完全约束"后，定位操作才完成。

与称为 Pro/E 版本不同的是，Creo 在装载窗口模型时，可以在图形区中通过三重轴来拖动模型进行平移或旋转操作，以此达到装配约束效果，如图 3-32 所示为 Creo 利用三重轴装载模型效果。

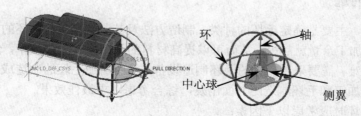

图 3-32　Creo 的三重轴

3.2.4 创建参考模型

当采用直接在模具模型中创建新的参考模型方式时，其工作模式相当于在装配模型中创建新的元件或开始新的建模过程。

在【模具】选项卡【参考模型和工件】面板中单击【参考模型】|【创建参考模型】命令，系统弹出【元件创建】对话框，如图 3-33 所示。

该对话框包括两种模型的创建方法：实体和镜像。

实体：选择该方法可以复制其他参考模型，也可在空文件下创建实体特征。

镜像：选择该方法可以创建已加载模型的镜像特征。

若选择"实体"方法来创建参考模型，单击【确定】按钮 确定 后，弹出【创建选项】对话框，如图 3-34 所示。

图 3-33 【元件创建】对话框　　　　　　图 3-34 【创建选项】对话框

【创建选项】对话框中包含以下 4 种实体模型的创建方式：

1）复制现有：复制其他模型进入到模具环境中，且复制的现有对象与源对象之间不再有关联关系。

2）定位默认基准：使用系统默认的基准平面来定位参考模型。

3）空：创建一个空的组件文件，该组件文件未被激活。

4）创建特征：创建一个空的组件文件，该组件文件已激活。

3.3　工件与收缩率概述

工件是指完全包容产品的体积块，此体积块将被分型面分割成型芯和型腔。在确定工件的尺寸大小时，需要考虑工件的力学性能、制件形状等诸多因素。制品成型后的实际尺寸与理论尺寸之间有一个误差值，该值随制品种类的不同而不同。

3.3.1 毛坯的选择

选择毛坯，主要是确定毛坯的种类、制造方法及其制造精度。毛坯的形状、尺寸越接近成品，切削加工余量就越少，从而可以提高材料的利用率和生产效率，然而这样往往会使毛坯制造困难，需要采用昂贵的毛坯制造设备，从而增加毛坯的制造成本。所以选择毛坯时应从机械加工和毛坯制造两方面出发，综合考虑以求最佳效果。

在确定毛坯时应考虑以下因素：

1）零件的材料及其力学性能：当零件的材料选定以后，毛坯的类型就大体确定了。

例如，材料为铸铁的零件，自然应选择铸造毛坯；而对于重要的钢质零件，力学性能要求高时，可选择锻造毛坯。

2）零件的结构和尺寸：形状复杂的毛坯常采用铸件，但对于形状复杂的薄壁件，一般不能采用砂型铸造；对于一般用途的阶梯轴，如果各段直径相差不大、力学性能要求不高时，可选择棒料做毛坯，倘若各段直径相差较大，为了节省材料，应选择锻件。

3）生产类型：当零件的生产批量较大时，应采用精度和生产率都比较高的毛坯制造方法，这时毛坯制造增加的费用可由材料耗费减少的费用以及机械加工减少的费用来补偿。

4）现有生产条件：选择毛坯类型时，要结合本企业的具体生产条件，如现场毛坯制造的实际水平和能力、外协的可能性等。

5）充分考虑利用新技术、新工艺和新材料的可能性：为了节约材料和能源，减少机械加工余量，提高经济效益，只要有可能，就必须尽量采用精密铸造、精密锻造、冷挤压、粉末冶金和工程塑料等新工艺、新技术和新材料。

3.3.2 工件尺寸的确定

根据产品的外形尺寸（平面投影面积与高度）以及产品本身结构如（侧向分型滑块等结构），可以确定工件的外形尺寸。

制品在内模中的分布应以最佳效果形式排放，要考虑浇口位置与分型面因素，要与制品本身的尺寸大小成比例。制品到工件边缘距离应遵循下列原则：

1）小件的制品：距离为 25～30mm，成品之间为 15～20mm。如有镶件成品之间则为 25mm 左右，成品间有流道的最少要 15mm.。

2）大件的制品：距边为 35～50mm，内有小镶件结构的最小为 35mm。若一模出多件小产品，则其之间的距离应 12～15mm。成品长度在 200mm 以上、宽度在 150mm 以上其产品距边应不少于 35mm。

下面介绍单模腔模具和多模腔模具的工件与制品位置关系。

1. 单模腔的工件与制品位置关系

若设计单模腔模具，制品在工件中的位置如图 3-35 所示。

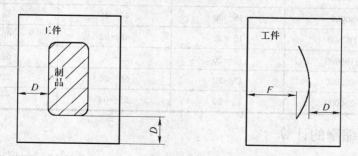

图 3-35　单模腔制品与工件的位置关系

2. 多模腔的工件与制品位置关系

多模腔模具中，除考虑制品到工件边缘的距离外，还要考虑制品与制品之间的距离，如图 3-36 所示。图中字母表示的含义如下：

A：制品与制品之间的距离。

D：左图为制品到工件边缘的距离，右图为制品顶部到工件边缘的距离。

F：制品底部到工件边缘的距离。

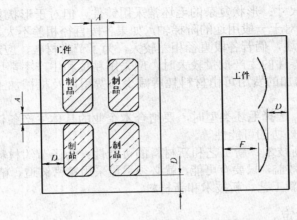

图 3-36 多模腔制品与工件的位置关系

3. 工件尺寸的选择参考数据

普通制品与工件的位置关系可参考表 3-1 的数据。

表 3-1 制品与工件的位置关系参考数据

制品投影面积/mm²	A/mm	D/mm	F/mm
100~900	15~20	20	20
900~2500	15~20	20~24	20~24
2500~6400	15~20	24~28	24~30
6400~14400	15~20	28~32	30~36
14400~25600	15~20	32~36	36~42
25600~40000	15~20	36~40	42~48
40000~62500	15~20	40~44	48~54
62500~90000	15~20	44~48	54~60
90000~122500	15~20	48~52	60~66
122500~160000	15~20	52~56	66~72
160000~202500	15~20	56~60	72~78
202500~250000	15~20	60~64	78~84

3.3.3 模型收缩率的计算

产品从模具中取出发生尺寸收缩的特性称为塑料制品的收缩性。因为塑料制品的收缩不仅与塑料本身的热胀冷缩性质有关，而且还与模具结构及成型工艺条件等因素有关，故将塑料制品的收缩统称为成型收缩。

产品模型的成型收缩的大小可用制品的成型收缩率 S 表征，即

$$S = \frac{L_{\mathrm{m}} - L_{\mathrm{s}}}{L_{\mathrm{m}}} \times 100\%$$

式中　S——制品的成型收缩率；

　　　L_m——成型温度时的制品尺寸；

　　　L_s——室温时的制品尺寸。

上式经换算后得

$$L_{\mathrm{m}} = \frac{L_{\mathrm{s}}}{1 - S}$$

成型收缩制品产生尺寸误差的原因有两方面。一方面是设计所采用的成型收缩率与制品生产时的收缩率之间的误差（δ′）；另一方面是成型过程中，成型收缩率受注射工艺条件的影响，可能在其最大值和最小值之间波动，而产生的误差（δ）。δ 的最大值为

$$\delta_{\max} = (S_{\max} - S_{\min})$$

式中　$S_{\max}$——塑料的最大成型收缩率；

　　　$S_{\min}$——塑料的最小成型收缩率；

　　　L_s——制品尺寸。

一般情况下，收缩率数据是在一定试验条件下以标准试样实测获得，或者带有一定规律性的统计数值，有些甚至是某些工厂的经验数据。制品在成型生产过程中产生的实际收缩率不一定就正好与参考数据相符，因此在设计模具时，制品的收缩率数据最好是采用材料厂家提供的可靠数据

3.4　应用收缩

当参考模型加载到模具设计模式并在创建工件之前，必须考虑材料的收缩并按比例或按尺寸来增加参考模型的尺寸。CREO 向用户提供了两种设置收缩率的方法，按尺寸收缩和按比例收缩。

3.4.1　按尺寸收缩

"按尺寸收缩"就是指给模型尺寸设定一个收缩系数，参考模型将按照设定的系数进行缩放。此方法可以为模型的整体进行缩放，也可以对单独的尺寸进行缩放。

在【模具】选项卡【修饰符】面板中单击【按尺寸收缩】按钮，系统弹出【按尺寸收缩】对话框，如图 3-37 所示。

同时，设计模式由模具设计转变为零件设计，如图 3-38 所示。这说明模型的收缩率是针对产品的，而不是针对装配模式下的组件模型。

可以通过在零件模式下对产品模型进行编辑，或者重新设计产品都是可以的。当设置收缩率后，单击【按尺寸收缩】对话框的【应用】按钮 退出零件模式，并完成收缩率的设置。

3.4.2　按比例收缩

"按比例收缩"是指相对于坐标系并按一定的比例对模型进行缩放。这种方法可分别

指定 X、Y 和 Z 坐标的不同收缩率。若在模具设计模式下应用比例收缩，则它仅用于参考模型而不影响设计模型。

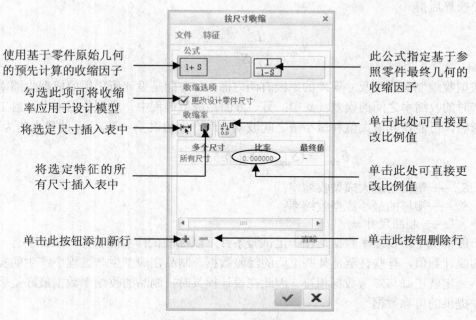

图 3-37 【按尺寸收缩】对话框

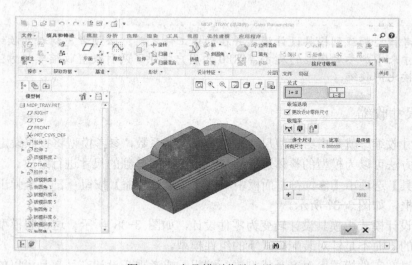

图 3-38 产品模型收缩率设置界面

在【模具】选项卡【修饰符】面板中单击【按比例收缩】按钮，系统弹出【按比例收缩】对话框，如图 3-39 所示。

若用户需要对模型单独在 X、Y 和 Z 坐标上进行缩放，可取消【各向同性的】复选框的勾选，同时该对话框下方显示各坐标的收缩设置文本框，如图 3-40 所示。

必须单击 按钮来添加坐标系

在此文本框输入收缩比例值

取消此复选框的勾选

图 3-39 【按比例收缩】对话框   图 3-40 显示坐标系各向准备设置

3.5 Creo 工件

在 Creo 中,工件表示直接参与熔料例如顶部及底部嵌入件成型的模具元件的总体积。工件可以是模板 A、B 连同多个嵌入件的组合体(模板与镶块成整体),也可以只是一个被分成多个元件的嵌入物。工件的创建方法有装配工件、自动工件和手动工件3 种,介绍如下。

3.5.1 自动工件

自动工件是根据参考模型的大小和位置来进行定义的。工件尺寸的默认值则取决于参考模型的边界。对于一模多腔布局的模型,系统将以完全包容所有参考模型来创建一个默认大小的工件。

在【模具】选项卡【参考模型和工件】面板中单击【自动工件】按钮，系统将会弹出【自动工件】对话框。

在图形区中选取模具坐标系作为工件原点,【自动工件】对话框中工件尺寸参数设置区域将被激活并亮显,如图 3-41 所示。

【自动工件】对话框中有 3 种工件形状:标准矩形、标准倒圆角和定制工件。

1)标准矩形:相对于模具基础分型平面和拉伸方向来定向矩形工件。

2)标准倒圆角:相对于模具基础分型平面和拉伸方向来定向圆形工件。

3)定制工件:创建一个定制尺寸的工件或从标准尺寸中选取工件。

3.5.2 装配工件

利用装配来加载工件,须先在零件设计模式下完成工件模型的创建,并将其保存在系统磁盘中。

在【模具】选项卡【参考模型和工件】面板中单击【装配工件】按钮，通过随后弹出的【打开】对话框将用户自定义的工件模型加载进行模具设计模式下,并利用装配约束功能将工件约束到参考模型上,如图 3-42 所示。

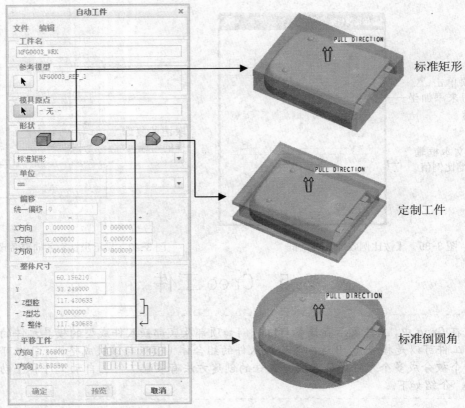

图 3-41 【自动工件】对话框

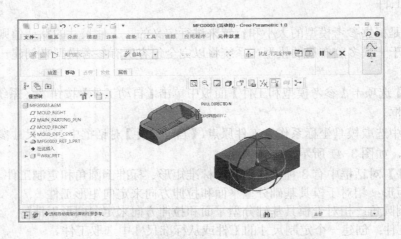

图 3-42 装配工件选择的命令系列菜单

3.5.3 手动工件

用户可以在组件模式下通过手动创建工件,也可以通过复制外部特征作为工件将其加载到模具设计模式下。当产品形状不规则时,可以创建手动工件。

在【模具】选项卡【参考模型和工件】面板中单击【创建工件】按钮▭,系统将弹出【元件创建】对话框。

在该对话框输入新建元件的名称后，单击【确定】按钮 确定 后弹出【创建选项】对话框。通过该对话框，用户可以选择其中一种创建选项来创建所需的工件，最后单击【确定】按钮 确定 ，或者对加载的工件进行装配定位，或者在组件模式下根据模型形状来创建工件，如图 3-43 所示。

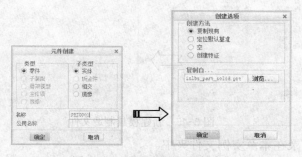

图 3-43　可以选择的元件创建选项

3.6　动手操练

本章主要是学习在模具设计模式中参照模型的定位和布局方式，下面以几个典型实例来分别说明使用不同的定位与布局方式，将参照模型加载到模具设计环境中，并将操作过程作详细描述。

3.6.1　装配参考模型

"装配方式"其实就是手动装配参照模型的一种方法。此方式应注意的是，参照模型基准和模具模型基准的装配关系，如配对、对齐、位置等约束关系。将图 3-44 所示的机箱模型添加到模具模型中。

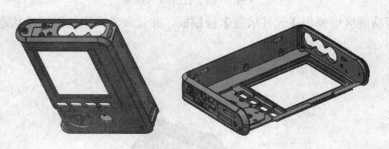

图 3-44　机箱模型

🔧 操作步骤

01 启动 Creo，然后新建一个命名为 "mold_3-1" 的模具制造文件，并进入模具设计环境，如图 3-45 所示。

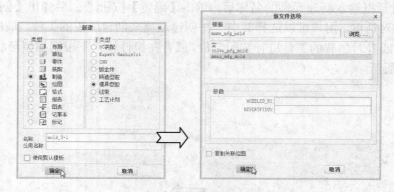

图 3-45　新建模具制造文件

02 设置工作目录在本章实例文件夹中。

03 在【模具】选项卡【参考模型和工件】面板中选择【装配参考模型】命令，弹出【打开】对话框，然后从光盘路径下找出本例练习文件并打开，如图 3-46 所示。

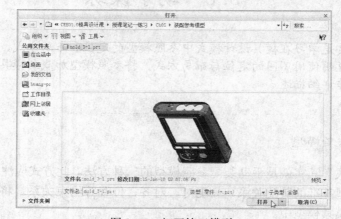

图 3-46　打开练习模型

04 随后功能区中弹出【元件放置】操控板，并且参考模型处于活动状态，如图 3-47所示。

图 3-47　弹出【元件放置】操控板

05 在操控板的元件参考列表中选择【默认】类型。操控板上显示状态为"完全约束"，然后单击【应用】按钮关闭操控板，如图 3-48 所示。

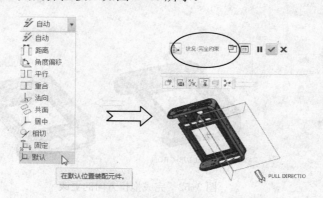

图 3-48　选择约束类型来约束参考模型

06 随后弹出【创建参考模型】对话框，保留该对话框中的默认设置，再单击【确定】按钮，如图 3-49 所示。

07 从装配的模型看，模具的脱模方向（拖拉方向）显然没有与产品最大外形轮廓面相垂直，所以需要更改，如图 3-50 所示。

08 在【模具】选项卡的【设计特征】面板中单击【拖拉方向】按钮👝，弹出【一般选取方向】菜单管理器。选择【坐标系】命令，然后指定模具坐标系作为参考，如图 3-51 所示。

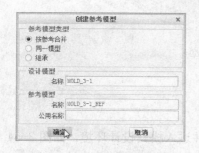

图 3-49　确定参考模型类型

图 3-50　错误的拖拉方向

图 3-51　指定参考坐标系

09 在菜单管理器中依次选择【Y 轴】|【反向】|【确定】命令，完成拖拉方向的更改。结果如图 3-52 所示。

10 单击【保存】按钮🖫，将结果保存。

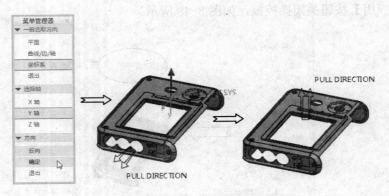

图 3-52　完成拖拉方向的更改

3.6.2　创建参考模型

　　以"创建参考模型"方式来加载参照模型，一般情况下是用来创建简单模型，或者复制其他现有的模型来创建单模腔或多模腔布局。若创建"空"特征，相当于在零件设计环境中工作，只不过完成的实体模型就是模具模型罢了。若创建"复制"特征，其方法与"装配"方式类似。本例设计模型——小音响后壳，如图 3-53 所示。

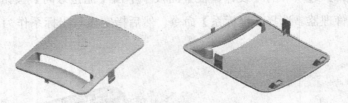

图 3-53　小音响后壳实体模型

操作步骤

01 新建一个命名为"mold_3-2"的模具制造文件，并进入模具设计环境，如图 3-54 所示。

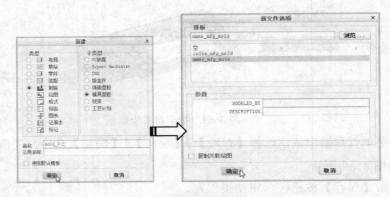

图 3-54　新建模型制造文件

84

02 设置工作目录。

03 在模具设计模式下，按如图 3-55 所示的操作步骤，以"创建参考模型"方式来加载模型。

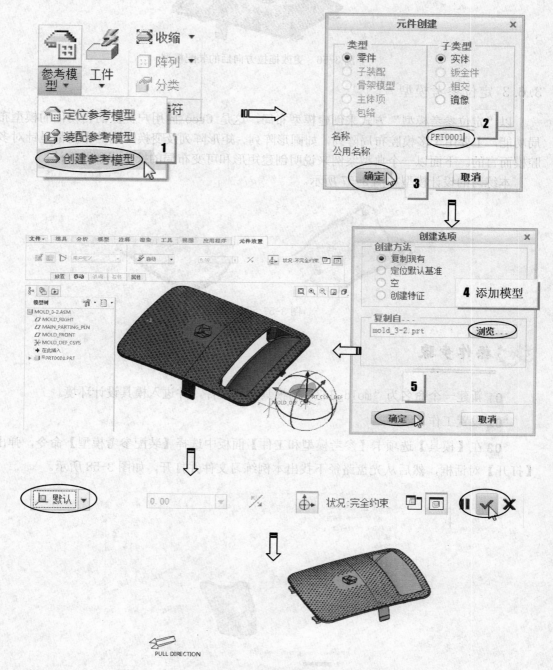

图 3-55 参照模型阵列过程

04 同理，按照前一练习中拖拉方向的更改方法，将本练习装配后错误的拖拉方向进行更改，更改结果如图 3-56 所示。

05 将装配设计的结果保存。

图 3-56 更改拖拉方向后的装配模型

3.6.3 定位参考模型

以"定位参考模型"方式来创建模型布局，这是 Creo 向用户提供的自动化的模型布局功能，主要用于多模腔布局阵列，如圆形阵列、矩形阵列及变换阵列等布局都是针对多腔模而言的。下面以一个典型案例来说明创建矩形和可变布局的操作步骤及方法。

本练习的设计模型如图 3-57 所示。

图 3-57 设计模型

操作步骤

01 新建一个命名为"mold_3-3"的模具制造文件，并进入模具设计环境。

02 设置工作目录。

03 在【模具】选项卡【参考模型和工件】面板中选择【装配参考模型】命令，弹出【打开】对话框，然后从光盘路径下找出本例练习文件并打开，如图 3-58 所示。

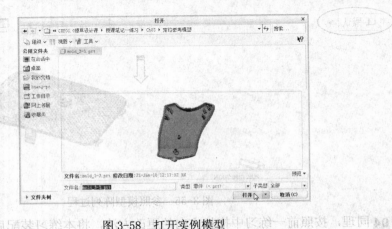

图 3-58 打开实例模型

86

04 在随后弹出的【创建参考模型】对话框中单击【确定】按钮，弹出【布局】对话框，如图 3-59 所示。

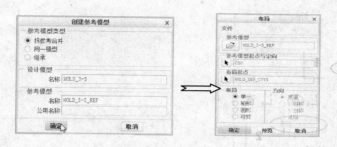

图 3-59　选择参考模型类型

05 在【布局】对话框的【布局】选项组中设置如图 3-51 所示的参数，然后单击【预览】按钮进行预览，如图 3-60 所示。

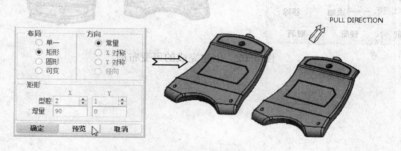

图 3-60　设置矩形布局参数并预览

06 从预览中可以看出，拖拉方向和布局方位需要重新指定。按如图 3-61 所示的步骤来调整拖拉方向。

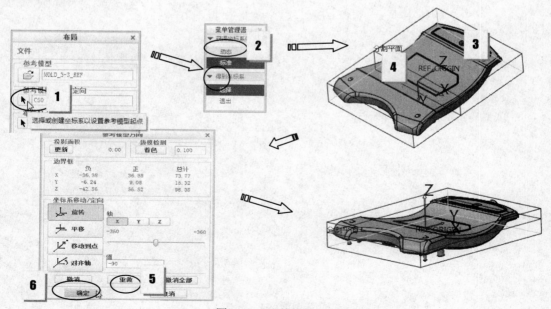

图 3-61　调整拖拉方向

07 返回到【布局】对话框后，再按如图 3-62 所示的参数设置来创建可变布局。

08 单击 ⊟ 按钮，保存装配设计的结果。

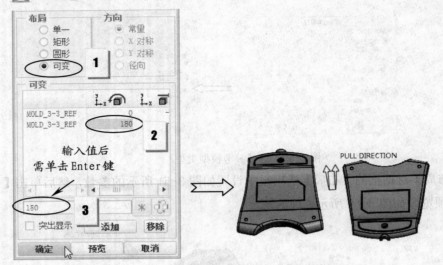

图 3-62　创建完成的可变布局

第4章 模具分型面设计方法

本章中我们将学习到Creo模具分型面的基础理论知识和设计技巧。模具分型面在模具设计流程中扮演着极为重要的角色，因为它直接关系到您是否能成功分出型腔和型芯零件。此外，模具分型面还涉及模具的结构，好的分型面其模具结构应该是最简单的。

学习目标：

- 掌握分型面的选择原则
- 掌握分型面的创建方法
- 掌握分型面的编辑方法

4.1 分型面概述

在模具设计流程里，分型面的设计越来越倾向于模具的一个独立系统设计，可见分型面在整个模具设计环节里占据非常重要的位置。分型面设计的质量好与坏，直接关系到模具的结构及生产成本。

分型面是模具上用以取出塑件和（或）浇注系统凝料的可分离的接触表面。

4.1.1 分型面的形式

分型面有多种形式，常见的有水平分型面、阶梯分型面、斜分型面、辅助分型面和异形分型面，如图 4-1 所示。分型面一般为平面，但有时为了脱模方便也要使用曲面或阶梯面，这样虽然分型面加工复杂，但型腔的加工会较容易些。

在图样上表示分型面的方法是在图形外部、分型面的延长面上画出一小段直线表示分型面的位置，并用箭头指示开模或模板的移动方向。

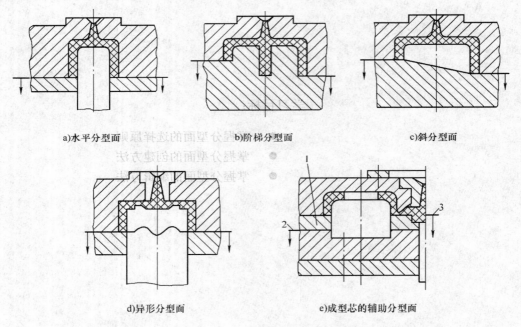

a)水平分型面　　　　b)阶梯分型面　　　　c)斜分型面

d)异形分型面　　　　e)成型芯的辅助分型面

图 4-1　模具分型面的形式

1—脱模板　2—辅助分型面　3—主分型面

按位置可分为水平分型面和垂直分型面，如图 4-2 所示。 垂直分型面主要用于侧面有凹、凸形状的塑件，如线圈骨架等。

4.1.2 分型面的表示方法

在模具装配图中应用短、粗实线标出分型面的位置，如图 4-3 所示，箭头表示模具运动方向。对有两个以上分型面的模具可按照分型面打开的前后顺序用编号 I、II、III 等，或 A、B、C 等来表示。

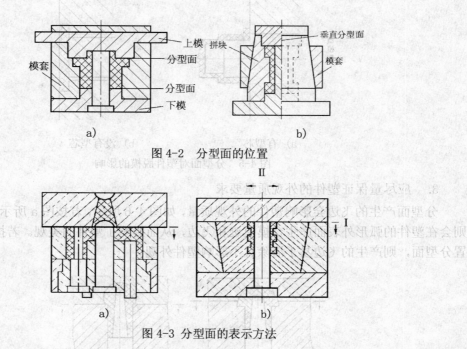

图 4-2　分型面的位置

图 4-3　分型面的表示方法

4.1.3　分型面的选择原则

首先必须选择塑件断面轮廓最大的地方作为分型面，这是确保塑件能够脱模的基本原则。此外，分型面的选择受塑件的形状、壁厚、尺寸精度、嵌件、脱模方式、浇口位置和形式、排气、模具制造和成型设备等因素的影响。因此，选择分型面时应综合考虑，合理选择。

1. 应确保塑件的尺寸精度和质量

如图 4-4 所示为双联齿轮，若按图 a 所示设置分型面，两部分齿轮分别在动、定模内成型，受合模精度的影响，难以保证齿轮的同轴度。按图 b 所示设置分型面，两部分齿轮都在动模，可有效保证两部分齿轮的同轴度。

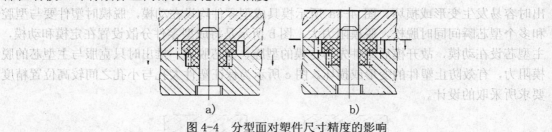

图 4-4　分型面对塑件尺寸精度的影响

2. 应尽量使塑件开模后留在动模

通常模具的推出机构设在动模一侧，所以分型面的选择应尽可能使塑件留在动模，如图 4-5 所示，若按图 a 分型，塑件收缩后包在定模型芯上，分型后塑件留在定模内，这样必须在定模设推出机构，增加了模具的复杂程度。若按图 b 分型，塑件则留在动模。

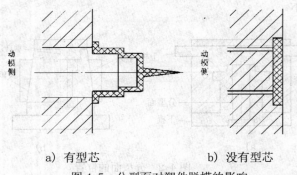

a) 有型芯   b) 没有型芯

图 4-5 分型面对塑件脱模的影响

3. 应尽量保证塑件的外观质量要求

分型面产生的飞边会影响塑件的外观质量，如图 4-6 所示，若按图 a 所示设置分型面，则会在塑件的弧形外表面产生合模痕迹和飞边，从而影响了塑件的美观。若按图 b 所示设置分型面，则产生的飞边易于清除且不影响塑件外观。

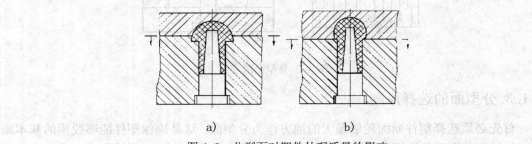

a)   b)

图 4-6 分型面对塑件外观质量的影响

4. 应有利于模具的制造

分型面的选择应利于模具的加工，图 4-7a 所示的分型面，型腔与型芯有配合关系，如果模具制造精度差，合模时会发生型腔与型芯碰撞而损坏。采用图 b 所示分型面，可避免发生碰撞现象，模具易于加工，但塑件表面会形成一条分型线。

5. 应有利于塑件脱模

分型面形式如何对塑件脱模阻力大小有着直接影响，如果脱模阻力太大，塑件在被推出时容易发生变形或损坏。图 4-8a 所示模具成型零件均设在动模，脱模时塑件要与型腔和多个型芯瞬间同时脱松，脱模阻力大。图 b 所示是将成型零件分散设置在定模和动模，主型芯设在动模，故开模后塑件先与定模的型腔、型芯脱离，推出时只克服与主型芯的脱模阻力，有效防止塑件的变形或损坏。图 c 所示为保证塑件大孔与小孔之间较高位置精度要求所采取的设计。

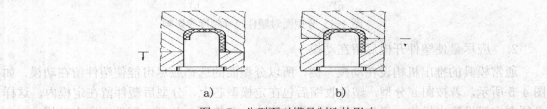

a)   b)

图 4-7 分型面对模具制造的影响

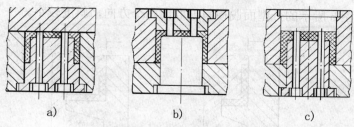

图 4-8　分型面对塑件脱模的影响

6. 应有利于模具的侧面分型和抽芯

当塑件有多组抽芯时，应尽量避免大端侧向抽芯，因为除了液压抽芯机构能获得较大的抽芯距外，一般的侧向分型抽芯的抽芯距较小，故在选择分型面时，应将抽芯或分型距离大的放在开模方向上。图 4-9a 所示的分型面是将长型芯作为侧型芯，不合理。图 b 所示是将短型芯作为侧型芯，抽芯距较小。

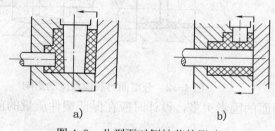

图 4-9　分型面对侧抽芯的影响

7. 应有利于模具排气

分型面应尽量设置在塑料熔体充满的末端处，这样就可以有效地通过分型面排除型腔内积聚的空气。图 4-10a 所示的分型面，排气效果较差。图 b 所示的分型面，排气效果较好。

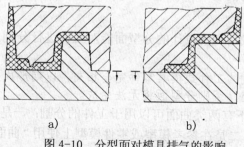

图 4-10　分型面对模具排气的影响

8. 应考虑对成型设备的要求

当塑件在分型面上的投影面积超过成型设备允许的投影面积时，会造成锁模困难，严重时会发生溢料。此时应合理安排塑件在型腔中的位置，尽可能选择投影面积小的一方。图 4-11a 所示的分型面，其塑件的投影面积大于图 b 所示的分型面。

9. 应考虑脱模斜度对塑件尺寸精度的影响

选择分型面时，应考虑减小由于脱模斜度造成塑件的大小端尺寸差异。若塑件对外观无严格要求，可将分型面选在塑件中部。图 4-12a 所示的分型面，其脱模斜度取向一个方向，斜度较大。图 b 所示的分型面脱模斜度取向两个方向，斜度较小。

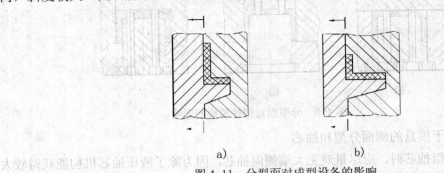

图 4-11　分型面对成型设备的影响

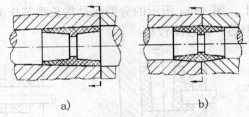

图 4-12　分型面对脱模斜度的影响

　　总之，影响分型面的因素很多，设计时应在保证塑件质量的前提下，使模具的结构越简单越好。

4.2　Creo 分型面的设计工具

　　在 Creo 模具设计中，分型面是将工件或模具零件分割成模具体积块的分割面。它不仅仅局限于对动、定模或侧抽芯滑块的分割，对于模板中各组件、镶件同样可以采用分型面进行分割。

　　为保证分型面设计成功和所设计的分型面能对工件进行分割，在设计分型面时必须满足以下两个基本条件：

　　分型面必须与欲分割的工件或模具零件完全相交，以期形成分割。

　　分型面不能自身相交，否则分型面将无法生成。

　　Creo 模具设计模式下有两类曲面可以用于工件的分割：一是使用"分型面"专用设计工具来创建分型面特征；二是在参考模型或零件模型上使用"曲面"工具生成的曲面特征。由于前者得到的是一个模具组件级的曲面特征，易于操作和管理而最为常用。

　　从原理上讲，分型面设计方法可以分为两大类：一是采用曲面构造工具设计分型面，如复制参考零件上的曲面、草绘断面进行拉伸、旋转以及采用其他高级曲面工具等构造分型面；二是采用光投影技术生成分型面，如阴影分型面和裙边分型面等。

　　在 Creo 模具设计模式下，单击【模具】选项卡【分型面和模具体积块】面板上的【分型面】按钮，将弹出【分型面】选项卡，如图 4-13 所示。

　　【分型面】选项卡中包括所有的 Creo 分型面设计工具。

　　通常，模具分型面分三个部分：型腔（型芯）区域面、破孔补面和延伸分型面。设计

94

三种分型面的工具又各有不同，接下来，在后面小节中陆续介绍给大家。

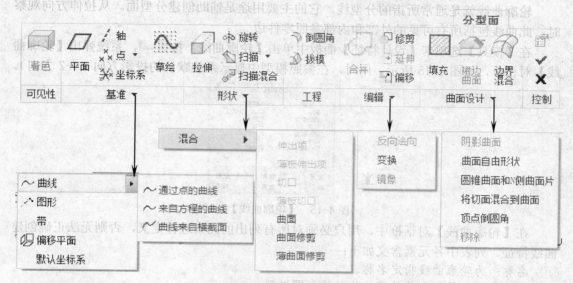

图 4-13 【分型面】选项卡

视产品的结构和外形的复杂程度，分型面的设计方法又会有所不同。简单的产品（没有碰穿孔，如图 4-14 所示）多用自动分型面工具，如阴影曲面、裙边曲面等。较复杂的产品多用手动方法设计分型面。

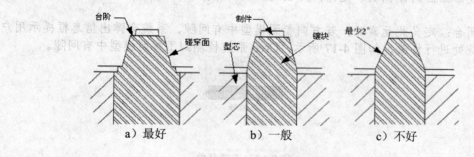

图 4-14 碰穿修补的 3 种形式

4.3 自动分型工具

自动分型工具包括裙边曲面和阴影曲面。下面讲解这两种工具的含义及用法。在应用裙边曲面工具之前，需要创建用于修补破孔及边缘延伸的曲线，这些曲线就是轮廓曲线（在 Pro/E 中称"侧面影像曲线"）。

4.3.1 轮廓曲线

分割模具时可能要沿着设计模型的轮廓曲线创建分型面。轮廓曲线是在特定观察方向上模型的轮廓。沿侧面影像边分割模型是很好的办法，这是因为在指定观察方向上沿此边没有悬垂。

轮廓曲线就是通常所指的分型线。它的主要用途是辅助创建分型面。从拉伸方向观察时，此曲线包括所有可见的外部和内部参照零件边

在【模具】选项卡【设计特征】面板中单击【轮廓曲线】按钮⊂⊃，系统弹出【轮廓曲线】对话框，如图4-15所示。同时，在参照模型中显示系统默认的投影方向（—Z方向）。

图4-15　【轮廓曲线】对话框

在【轮廓曲线】对话框中，用户必须对所有列出的元素进行定义，否则无法正确创建曲线特征。列表中各元素含义如下：

名称：为轮廓曲线指定名称。

曲面参照：是指创建轮廓曲线时的参照模型。

方向：投影的方向。可为投影指定平面、曲线/边/轴、坐标系作为方向的参照。单击【定义】按钮，弹出【一般选取方向】选项菜单，如图4-16所示。

投影画面：在创建轮廓曲线的过程中可选的"投影画面"元素自动补偿底切，它说明用作投影画面的体积块和元件，并创建正确的分型线，它还自动从分型线中排除多余的边。

间隙闭合：定义此元素时，若方向参照模型中有间隙，系统会弹出信息框提示用户，对间隙处进行修改。如图4-17所示，Creo系统检测到了参照模型中有间隙。

图4-16　选项菜单

　　　　不同的投影方向，所获得的轮廓曲线是不同的。因此，在确定需要哪一侧的投影曲线时，应更改投影方向。

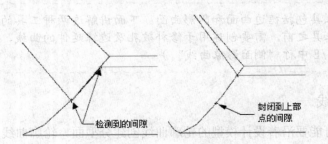

图4-17　系统自动检测到的间隙

如图 4-18 所示为经过环选取后最终创建完成的轮廓曲线。

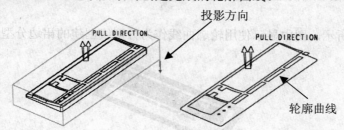

图 4-18　投影方向与轮廓曲线

4.3.2　裙边分型面

裙边分型面是通过拾取用轮廓曲线创建的基准曲线并确定拖动方向来创建的分型曲面。当参照模型的轮廓曲线创建完成后，就可以创建裙边分型面了。

在【模具】选项卡【分型面和模具体积块】面板中单击【分型面】按钮▱，激活【分型面】选项卡。单击该选项卡【曲面设计】面板中的【裙边曲面】按钮◯，系统会弹出如图 4-19 所示的【裙边曲面】对话框和【链】选项菜单。

图 4-19　【裙边曲面】对话框和【链】选项菜单

在【裙边曲面】对话框的元素列表中，值得一提的是【延伸】元素。若参照模型简单，则系统会正确创建主分型面的延伸方向，如图 4-20 所示。

若参照模型较复杂，延伸方向显得比较凌乱，但可通过打开的【延伸控制】对话框来更改延伸方向，如图 4-21 所示。

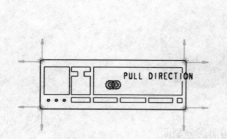

图 4-20　显示的默认延伸方向

图 4-21　【延伸控制】对话框

与创建覆盖型分型面（即复制参照模型的曲面以创建一个完整曲面）的阴影曲面不同，

裙边曲面特征不在参照模型上创建曲面，而是创建参照模型以外的分型面，包括破孔面和主分型面。

如图 4-22 所示，图中显示使用轮廓曲线作为分型线创建的裙边分型面。

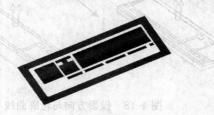

图 4-22　裙边分型面

4.3.3　阴影分型面

阴影分型面是用光投影技术来创建的分型曲面和元件几何。阴影分型面是投影产品模型而获得的最大面积的曲面，因此在使用"阴影"方法来创建分型面之前，必须对产品进行拔模处理。也就是说，若产品的外部有小于或等于 90°的面，则不能按照设计意图来正确创建分型面。

由阴影创建的分型曲面是一个组件特征。如果删除一组边、删除一个曲面或改变环的数量，系统将会正确地再生该特征。

在【模具】选项卡【分型面和模具体积块】面板中单击【分型面】按钮 ，激活【分型面】选项卡。单击该选项卡【曲面设计】面板中的【阴影曲面】命令，系统会弹出如图 4-23 所示的【裙边曲面】对话框和【链】选项菜单。

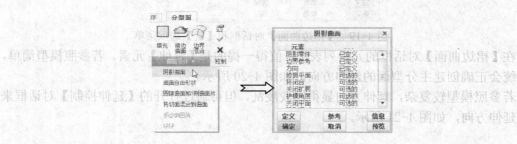

图 4-23　【阴影曲面】对话框

图 4-24 所示为使用"阴影曲面"方法来创建的模具分型面。

参照模型　　　　　阴影曲面

图 4-24　参考模型与阴影分型面

98

4.4 手动分型工具

前面讲了，对于较为复杂的产品模型，我们尽量使用手动分型方法。一来可以确保分型面设计正确，二来则可以提高分型水平。

手动分型设计的方法也分两种，一种是在零件设计模式下，利用建模命令纯手动操作从"产品分析→分型面设计→创建型腔与型芯"的流程。另一种则是在模具设计模式中，利用【分型面】选项卡中的曲面设计命令，来设计型腔\型芯区域面、破孔补面和延伸分型面。

重点

值得一提的是，【分型面】选项卡中的部分命令，与零件设计模式中的建模命令是相同的。

4.4.1 拉伸分型面

拉伸分型面是指在垂直于草绘平面的方向上，通过将草绘截面沿指定深度延伸，以此得到的分型面。

在【分型面】选项卡的【形状】面板中单击【拉伸】按钮 ，功能区会弹出【拉伸】操控面板，当在图形区选择草绘基准平面后即可进入草绘模式来绘制分型截面，如图 4-25 所示。

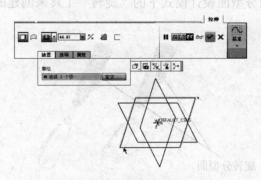

图 4-25 【拉伸】操控面板

在草绘模式下绘制分型面截面曲线，然后按指定的拉伸方向拉伸草绘曲线，得到想要的拉伸分型面，如图 4-26 所示为使用"拉伸"工具在草绘环境中绘制截面后而创建的拉伸分型面。

4.4.2 旋转分型面

旋转分型面是指围绕草绘中心线通过以指定角度旋转草绘截面来创建的分型曲面。当产品模型为旋转体特征时，可创建旋转分型面以用于切割模具镶件。

在【分型面】选项卡的【形状】面板中单击【旋转】按钮 ，功能区会弹出【旋转】操控面板，当在图形区选择草绘基准平面后即可进入草绘模式来绘制旋转分型面的截面，如图 4-27 所示。

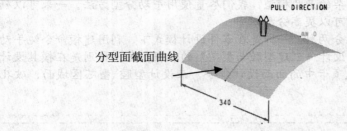

图 4-26 拉伸分型面

图 4-27 【旋转】操控面板

图 4-28 所示为使用分型面设计模式下的"旋转"工具来创建的旋转分型面。

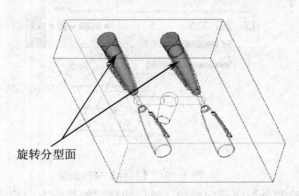

旋转分型面

图 4-28 旋转分型面

> 并非【旋转】命令适于其他产品模型的分型面,这主要是针对由旋转特征构成的产品模型。

4.4.3 填充曲面

填充是通过草绘其边界来创建平面基准曲面的。

在【分型面】选项卡的【曲面设计】面板中单击【填充】按钮,功能区会弹出【填充】操控面板,当在图形区选择草绘基准平面后即可进入草绘模式来绘制填充曲面的边界,如图 4-29 所示。

当产品模型底部为平面时，可创建填充曲面作为模具分型的主分型面（延伸分型面）。如果产品底边不都在同一平面中，是不能使用此命令的。

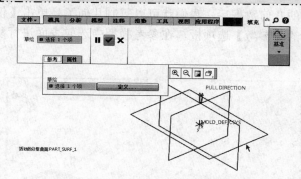

图 4-29 【填充】操控面板

图 4-30 所示为使用"填充"工具来创建的填充曲面。

图 4-30 填充曲面

4.4.4 复制几何

复制几何是复制参考从模型中发布出来的几何，复制几何前必须先发布几何。可以复制的几何特征不多，复制几何可以复制的包括：实体、曲面、面组、线、点和基准平面等。

一般情况下，采用复制的方法来创建模具的型腔、型芯分型面。

"复制几何"工具是在关闭【分型面】面板后才可用的。在【模型】选项卡的【获取数据】面板中单击【复制几何】按钮，功能区显示【复制几何】操控面板。默认情况下，复制几何工具首先收集参考模型的几何数据，然后将数据发布，以便让用户从发布的几何中找出自己所需的对象，如图 4-31 所示。

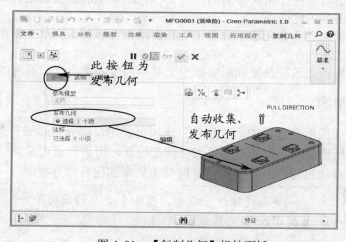

图 4-31 【复制几何】操控面板

要复制几何，必须在操控板中按【仅限发布几何】按钮。使其恢复未激活状态，而此时复制几何功能被激活。

发布了参考模型的几何数据后，我们就可以复制几何了。单击【仅限发布几何】按钮，打开操控板下面的【参考】选项板，在参考模型中选取表面进行复制，如图 4-32 所示。

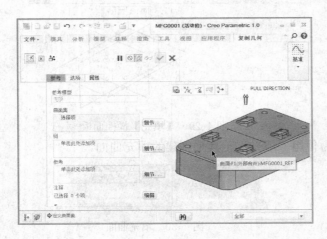

图 4-32　选择面以复制几何

在复制几何的过程中，还可以通过设置【选项】选项板中的选项来控制复制曲面的效果，如图 4-33 所示。

图 4-33　【选项】选项板

按原样复制所有曲面：所选择的面是什么样，则复制的曲面就是什么样，如果不需要修补面中的孔，请使用此选项。

排除曲面并填充孔：将所选的曲面中的孔自动修补。对于在单个曲面中的孔，可以使用此选项。

复制内部边界：此选项是复制原曲面中的某一部分，即所选边界内的面。

4.4.5　延伸分型面

在编辑分型面的所选选项中，"延伸"选项可使用户将分型面的所有或特定的边延伸指定的距离或延伸到所选参照。延伸是模具组件曲面特征，可进行重定义。

在手动分型设计过程中，常使用"延伸"工具来创建延伸分型面。

要创建延伸分型面，有两个重要的前提条件：必须创建工件和复制型腔\型芯区域面。

当在图形窗口中选取曲面的一条边后，【延伸】命令才被激活，如图 4-34 所示。

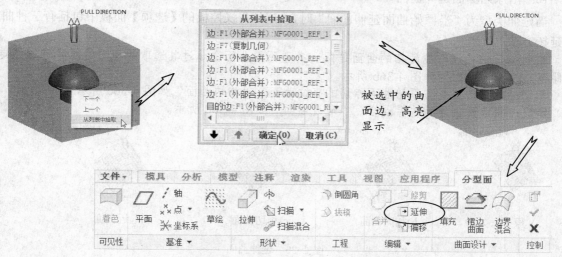

图 4-34　选取曲面边，激活【延伸】命令

　　当然，也可以在【模型】选项卡的【修饰符】面板中，单击被激活的【延伸】命令。该命令与在【分型面】选项卡中的【延伸】命令是完全相同的。

单击【延伸】按钮□后，系统将弹出【延伸】操控板，如图 4-35 所示。

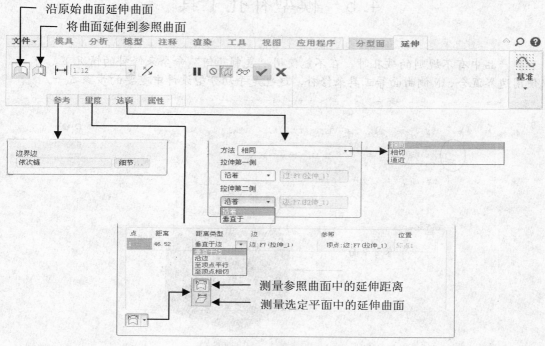

图 4-35　【延伸】操控板

103

10. 沿原始曲面延伸曲面

当延伸类型为"沿原始曲面延伸曲面"时，"延伸"操控板的【选项】面板中包括有三种曲面延拓方法：

相同：延拓特征与被延拓的曲面是同一类型原始曲面会越过其选取的原始边界并越过指定的距离。"相同曲面"如图 4-36b 所示。

相切：延拓特征是与原始曲面相切的直纹曲面。"相切曲面"如图 4-36c 所示。

逼近：将曲面创建为边界混合。"逼近曲面"如图 4-36d 所示。

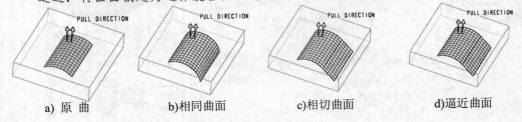

a) 原 曲　　　　b) 相同曲面　　　　c) 相切曲面　　　　d) 逼近曲面

图 4-36　延伸曲面

11. 将曲面延伸到参照曲面

当延伸类型为"将曲面延伸到参照曲面"时，需要指定参考平面。值得注意的是，不是一般曲面，而是"平面"，否则不能正确延伸，如图 4-37 所示。

要想查看预览效果，可以单击操控板中的【特征预览】按钮∞。这样就会帮助用户及时发现问题，并解决问题。

4.5　模型补孔工具

当产品中有不规则的破孔时，在不能使用"复制几何"命令来修补的情况下，可以使用边界混合、N 侧曲面等工具来修补，这也是手动分型设计中重要的步骤之一。

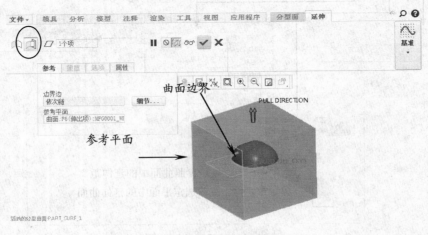

图 4-37　将曲面延伸到参照曲面

104

4.5.1 边界混合

边界混合曲面是所有三维 CAD 软件中应用最为广泛的通用曲面构造功能，也是在通常的造型中使用频率最高的指令之一。

利用边界混合工具，可以通过定义边界的方式产生曲面，在参照实体（它们在一个或两个方向上定义曲面）之间创建边界混合的特征。在每个方向上选定的第一个和最后一个图元定义曲面的边界。添加更多的参照图元（如控制点和边界条件）能使用户更完整地定义曲面形状。根据混合方向的多少，边界混合可以分为单向边界混合和双向边界混合两种。两者操作过程基本相同，首先选取一个方向的混合曲线，然后完成特征构建。

在【分型面】选项卡的【曲面设计】面板中单击【边界混合】按钮，打开【边界混合】操控板，如图 4-38 所示。

在操控板中，包括如下 4 个主要的选项板：

【曲线】：用在第一方向和第二方向选取的曲线创建混合曲面，并控制选取顺序。选中【封闭的混合】复选框，通过将最后一条曲线与第一条曲线混合来形成封闭环曲面。

【约束】：控制边界条件，包括边对齐的相切条件。可能的条件为【自由】、【相切】、【曲率】和【法向】。

【控制点】：通过在输入曲线上映射位置来添加控制点并形成曲面。

【选项】：选取曲线链来影响用户界面中混合曲面的形状或逼近方向。

在【约束】选项板中，控制边界条件可对混合边界应用将新曲面特征约束到现有曲面或面组的条件。定义边界约束时，Creo 会根据指定的边界来选取默认参照，此时可接受系统默认选取的参照，也可自行选取参照。主要包括以下约束边界条件：

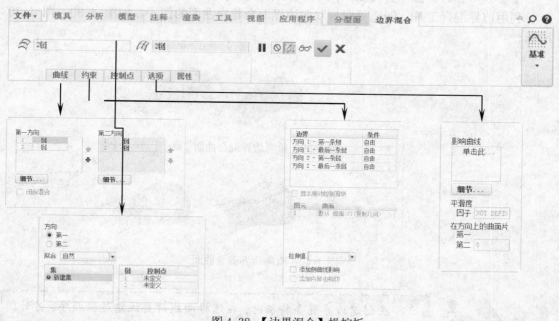

图 4-38 【边界混合】操控板

【自由】：沿边界没有设置相切条件，为默认条件。

【相切】：混合曲面沿边界与参照曲面相切。

【曲率】：混合曲面沿边界具有曲率连续性。

【法向】：混合曲面与参照曲面或基准平面垂直。

在上述约束条件中，如果指定了【相切】或【曲率】，并且边界由单侧边的一条链或单侧边上的一条曲线组成，则被参照的图元将被设置为默认值，同时边界自动具有与单侧边相同的参照曲面。如果指定了【法向】，并且边界由草绘曲线组成，则参照图元被设置为草绘平面，且边界自动具有与曲线相同的参照平面。如果指定了【法向】，并且边界由单侧边的一条链或单侧边上的一条曲线组成，则使用默认参照图元，并且边界自动具有与单侧边相同的参照曲面。

【控制点】选项板通过在输入曲线上映射位置来添加控制点并形成曲面，主要包含以下预定义的控制选项：

【自然】：使用一般混合例程混合，并使用相同例程来重置输入曲线的参数，可获得最逼近的曲面。

【弧长】：对原始曲线进行的最小调整。使用一般混合例程来混合曲线，被分成相等的曲线段并逐段混合的曲线除外。

【点至点】：逐点混合。第一条曲线中的点 1 连接到第二条曲线中的点 1，依此类推。

【段至段】：逐段混合。曲线链或复合曲线被连接。

【可延展】：如果选取了一个方向上的两条相切曲线，则可进行切换，以确定是否需要可延展选项。

【选项】选项面板中的各选项用来选取影响用户界面中混合曲面形状或逼近方向的曲线，主要包括以下控制选项：

【细节】：打开【链】对话框以修改链组属性。

【平滑度】：控制曲面的粗糙度、不规则性或投影。

【在方向上的曲面片】：控制用于形成结果曲面的沿 u 和 v 方向的曲面片数。

利用边界混合工具，创建单向与双向边界混合建立曲面的例子，如图 4-39、图 4-40 所示。

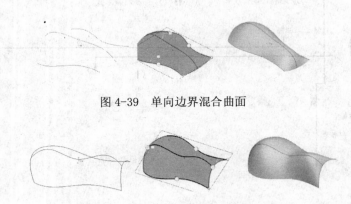

图 4-39 单向边界混合曲面

图 4-40 双向边界混合曲面

重点 在创建边界混合特征时，在选择曲线时要注意选取顺序。另外，以两个方向定义的混合曲面，外部边界必须构成一封闭环，否则不能创建曲面。

4.5.2 N侧曲面

使用【N侧曲面片】工具，可以使 5 条及以上首尾相连的曲线构成一多边形曲面，在选择边界线时，选择顺序不限但 N 侧曲面片可能会生成具有不合乎要求的形状和特性的几何。例如在以下情况下，可能无法生成良好曲面：

1）边界有拐点。

2）边界段间的角度非常大（大于 160º）或非常小（小于 20º）。

3）边界由很长和很短的段组成。

在【分型面】选项卡的【曲面设计】面板中单击【圆锥曲面和 N 侧曲面片】命令，会弹出【边界选项】菜单，如图 4-41 所示。

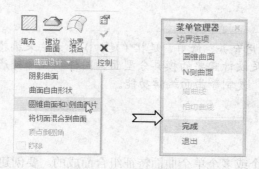

图 4-41　执行命令的方式

在选项菜单中依次选择【N侧曲面】|【完成】命令，会弹出如图 4-42 所示的【曲面：N 侧】对话框、【链】菜单和【选择】对话框。

图 4-42　N 侧曲面的选项菜单

按要求在参考模型中选取破孔边界以形成封闭的环，并根据边界所在曲面的形状来定义"边界条件"。如果是边界所在曲面为平面的，可以不定义边界条件。但曲面形状是不规则的，则要定义边界条件，边界条件有三种：自由、相切和法向，如图 4-43 所示。

图 4-43　边界条件

如图 4-44 所示为"自由"、"相切"边界条件的比较。相比之下，相切边界条件的曲面曲率连续要好。"法向"为 G0 连续，"自由"为 G1 连续，"相切"为 G2 连续。

"自由"边界条件   "相切"边界条件

图 4-44 两种边界条件的比较

4.6 Creo 分型面编辑

在 Creo 中，常采用合并、修剪、延拓（延伸）等方法来编辑用户创建的多个分型面，使之成为最终满足设计需要的模具分型面。同样，在修补产品模型的靠破孔时，也可采用合并、修剪、复制等曲面编辑功能。

4.6.1 合并分型面

模具分型面是由一个或多个单个曲面特征组合而成的。要创建一个曲面面组，则必须使用"合并"方法将这些曲面连接到一个面组中。在合并后的曲面中，以洋红色显示的边表明它是两个曲面的公共边。合并曲面有两种方式：

相交：在两个曲面相交或相互贯穿时，选择此选项，系统将创建相交边界，并询问保留区域，如图 4-45 所示。

连接：当两个相邻曲面有公共边界时，则选择此选项，系统将不计算相交，直接合并曲面，如图 4-46 所示。

相交面组   确定保留区域   合并结果

图 4-45 以"相交"方式合并曲面

相连面组   系统计算合并   合并结果

图 4-46 以"连接"方式合并曲面

创建合并分型面可以执行的命令方式如下：

在【模型】选项卡的【修饰符】面板中单击【合并】按钮。

在【分型面】选项卡的【编辑】面板中单击【合并】按钮。

 **重点** 如果用户在【分型面】选项卡打开的情况下创建面组，是不能在关闭此选项卡的情况下进行面组合并的。

仅当在图形区中选取了两个以上的曲面对象后，才会激活【合并】命令。单击【合并】按钮后，系统会弹出如图 4-47 所示的【合并】操控板。

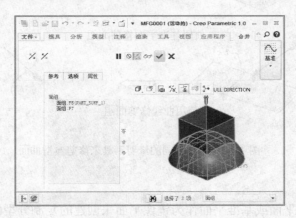

图 4-47 【合并】操控板

在操控面板的【选项】选项板中，有两种合并类型：连接和相交。

连接：当选择此选项时，合并操作后两曲面将连接成一整体，即并集。新曲面的总面积为原曲面的总和。"连接"是求和的布尔运算方法。

相交：选择此选项，将得到两曲面的交集，也是布尔运算中的求交运算。

4.6.2 修剪分型面

除了使用"合并"工具能将曲面修剪掉以外，还可使用"修剪"工具将所选面组进行修剪。修剪工具可以是任意的平面、曲面或曲线链。

【修剪】命令只有在图形区中选取了一个曲面后才会激活。在【分型面】选项卡的【编辑】面板中单击【修剪】按钮，将弹出如图 4-48 所示的【修剪】操控板。

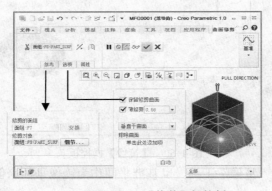

图 4-48 【修剪】操控板

如图 4-49 所示为使用曲面、基准平面、和曲线作为修剪工具来修剪曲面的示意图。

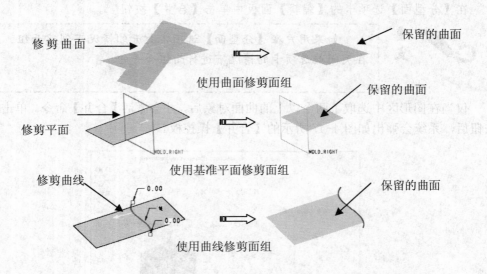

图 4-49　选择不同的修剪工具来修剪典型曲面

4.6.3　镜像分型面

镜像分型面是以平面或基准平面作为镜像平面来创建的复制分型面。镜像的分型面与镜像参照是相对称的。

创建镜像分型面可以执行的命令方式如下：

- 在【模型】选项卡的【修饰符】面板中单击【镜像】按钮 。
- 在【分型面】选项卡的【编辑】面板中单击【镜像】按钮 。

【镜像】命令也是在选取了曲面后才被激活的。执行以上其中之一的修剪命令后，将弹出如图 4-50 所示的【镜像】操控板。

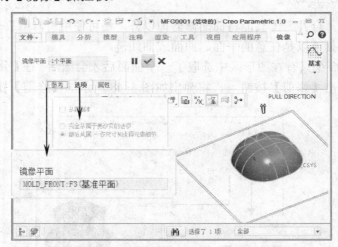

图 4-50　【镜像】操控板

图 4-51 所示为使用"镜像"工具，以基准平面作为镜像平面来创建的镜像分型面。

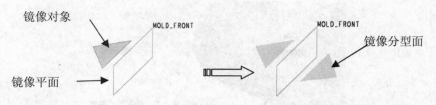

图 4-51　选择基准平面来创建镜像分型面

4.7　动手操练

分型面的设计对于新手来说，是一件比较困难的事情，主要原因是它对分型面的设计方法没有掌握。因此在本节中用几个实例来说明不同产品的分型面设计操作。

练习一：单放机后盖分型面设计

单放机后盖虽然看起来结构很复杂，如图 4-52 所示。其实也不复杂，主要是加强筋比较多。另外，在后盖的 4 个角落分别生成了倒扣，需要拆斜顶。

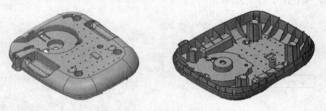

图 4-52　单放机后盖

操作步骤

01 启动 Creo1.0，然后设置工作目录。

02 在【应用系统】选项卡的【工程】面板中单击【模具/铸造】按钮 ，打开【模具和铸造】选项卡，如图 4-53 所示。

图 4-53　【模具和铸造】选项卡

03 在工作窗口右下方的选择约束下拉列表框中选择【几何】。

04 利用右键从列表中拾取曲面的方法，选中模型中的一个面，如图 4-54 所示。

05 在【操作】面板中先单击【复制】按钮 ，再单击【粘贴】按钮 ，弹出【曲面：复制】操控板。按住 Ctrl 键依次选取产品模型外表面，如图 4-55 所示。

图 4-54　选择模型中的一个面

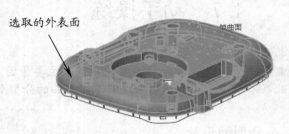

图 4-55　选取产品外部表面

06 在操控板的【选项】选项板上选择【排除曲面并填充孔】单选选项，然后选择产品中破孔所在的面，如图 4-56 所示。

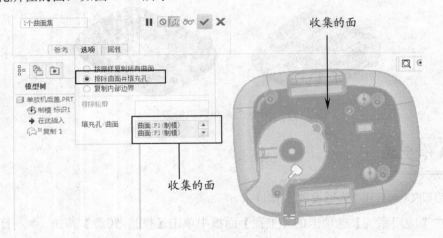

图 4-56　选择曲面以填充孔

07 单击操控板上的【应用】按钮，完成产品外部表面的复制。产品中还有 3 个破孔由于所在位置不确定，还不能填充修补，只能手动修补，如图 4-57 所示。

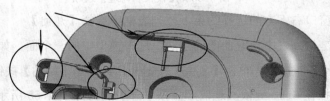

图 4-57　只能手动修补的 3 个孔

08 在【模型】选项卡的【基准】面板中选择【基准】|【曲线】|【通过点的曲线】命令，然后创建如图 4-58 所示的曲线。

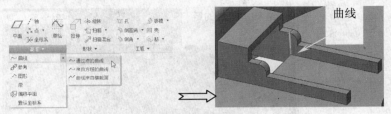

图 4-58　创建曲线

09 同理，在另一侧也创建曲线。右键选中复制的曲面，然后在【模具和铸造】选项卡的【分型面设计】面板中单击【修剪】按钮 ，打开【曲面修剪】操控板。

10 选择绘制的曲线作为修剪工具，再单击操控板上的【应用】按钮 完成曲面的修剪，如图 4-59 所示。

11 同理，此孔的另一侧曲面也按此方法进行修剪，如图 4-60 所示。

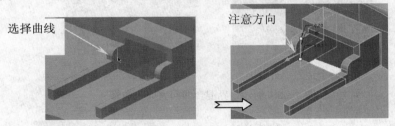

图 4-59　修剪曲面

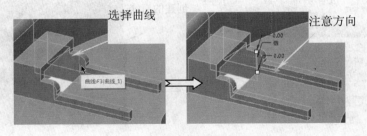

图 4-60　修剪另一侧的曲面

> **重点**　可以选择整个面组来修剪，也可以选择单个曲面进行修剪，只需在【从列表中拾取】对话框进行选择即可。

12 在【分型面设计】面板中单击【边界混合】按钮 ，弹出【边界混合】操控板，然后按信息提示按住 Ctrl 键选择第一方向链来依次修补孔，如图 4-61 所示。

13 单击操控板的【应用】按钮 ，创建边界混合曲面。同理，再创建两个边界混合曲面完成该孔的修补，如图 4-62 所示。

14 使用【基准】面板中的曲线命令，在第两个孔位置创建一条直线，如图 4-63 所示。

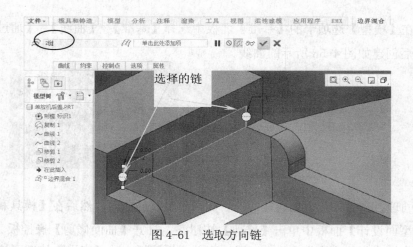

图 4-61　选取方向链

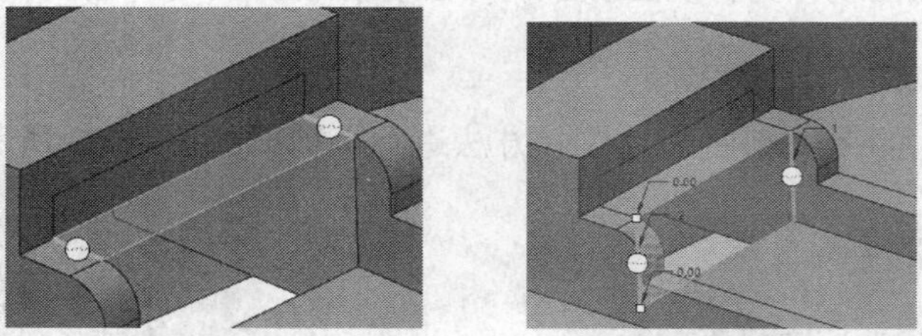

第两个边界混合曲面　　　　　　　第 3 个边界混合曲面

图 4-62　创建边界混合曲面完成孔的修补

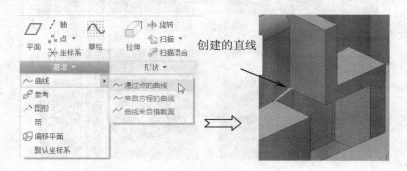

图 4-63　创建直线

15 右键选中要修建的曲面，然后用直线作为修剪工具进行修剪，如图 4-64 所示。

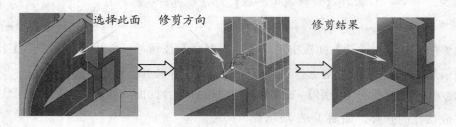

选择此面　　　修剪方向　　　　　　　　修剪结果

图 4-64　修剪曲面

16 从修剪结果看，没有达到理想的结果，需要再修剪一次才能将不要的部分曲面修剪掉。但这次修剪工具是已有曲面的边，而不是直线了。

> 为什么没有修剪完全呢。这是因为模型中有细小的间隙存在，造成曲面与曲面之间不相连，由此带来了不必要的操作麻烦。

17 利用【边界混合】命令，创建三个边界混合曲面，以此完成第两个孔的修补，结果如图 4-65 所示。

18 在【基准】面板中选择【默认坐标系】命令，创建一个参考坐标系。

19 在【分型面设计】面板中单击【填充】按钮 ☐，弹出【填充】操控板。然后选择如图 4-66 所示的平面进入到草绘模式中。

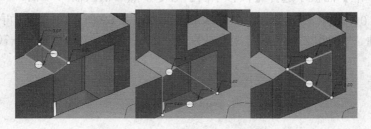

图 4-65　创建边界混合曲面修补孔

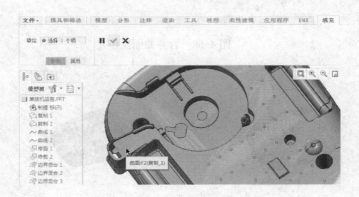

图 4-66　选择草绘平面

20 在【草绘】选项卡的【草绘】面板中单击【投影】按钮 ☐ 投影，然后选择孔边缘作为填充轮廓，然后单击【确定】按钮 ✓ 退出草绘模式并完成孔的修补，如图 4-67 所示。

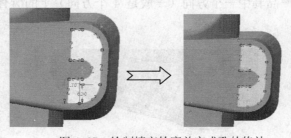

图 4-67　绘制填充轮廓并完成孔的修补

115

21 产品内部有个孔没有被封住，是因为在前面复制产品外表面时此孔不在外表面，所以无法修补。在这里可以使用"填充"方法进行修补。

22 右键选择任意的两个面组（产品外部复制面和补孔面），然后在【分型面设计】面板中单击【合并】按钮 ，弹出【合并】操控板。在操控板的【选项】选项板中选择【连接】单选选项，然后单击【应用】按钮完成合并，如图 4-68 所示。同理，再执行合并操作，依次将其余的补孔合并起来。

> 当要合并的多个曲面之间没有间隙或交叉情况出现时，可以一次性选择多个曲面进行合并。本例产品中有间隙，所以要分几次合并。

23 在【基准】面板中选择【偏移平面】命令，然后依次输入 X 轴、Y 轴和 Z 轴的偏移距离为 250、0、300，创建的 3 个参考基准平面如图 4-69 所示。同理，再创建 3 个参考基准平面，X 轴、Y 轴和 Z 轴的偏移距离分别为—250、0、—300，如图 4-70 所示。

图 4-68　合并曲面操作

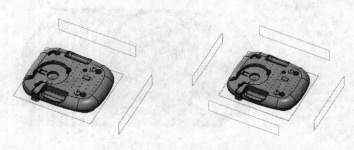

图 4-69　创建 3 个参考基准平面　　　　　图 4-70　创建另 3 个参考基准平面

24 右键选中合并曲面的一条边缘，然后执行【延伸】命令，打开【延伸】操控板。然后按住 Shift 键将产品其中一个方向（一般是 4 个方向）上的所有边选择，如图 4-71 所示。

图 4-71　选择要延伸的边

116

25 在【延伸】操控板中单击【将面延伸到参考平面】按钮 🔲，然后将选择的边向对于的基准平面延伸，如图 4-72 所示。

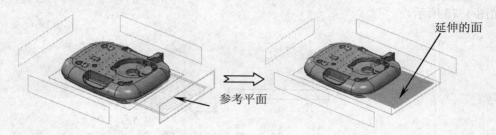

图 4-72　延伸曲面

26 同理，依次创建出其余方向上的延伸曲面，结果如图 4-73 所示。

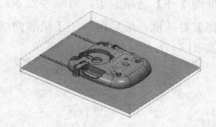

图 4-73　创建完成的延伸曲面

27 本练习的单放机后盖产品的分型面设计全部完成。本来分型面中还应包括镶件分型面、斜顶分型面或滑块分型面，但这些分型面将在下一章中与成型零件的分割操作一起介绍。最后将分型面设计的结果保存在柜子目录中。

练习二：线盒分型面设计

前面的练习一中，分型面的设计方法是采用了手动创建分型面的形式，此种形式主要针对较为复杂的产品。本练习中产品比较普通，几乎没有什么复杂结构设计，因此将采用自动分型设计的形式。

本练习的产品模型——线盒，如图 4-74 所示。

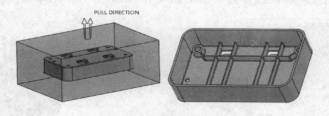

图 4-74　线盒模型

🔧 **操作步骤**

01 打开本练习的初始文件"线盒.ASM"。然后设置工作目录。

02 在【模具】选项卡的【设计特征】面板中单击【轮廓曲线】按钮 ⬭，弹出【轮

117

廓曲线】对话框。

03 在对话框中选择【环选择】元素后单击【定义】按钮，弹出【环选择】对话框，如图 4-75 所示。

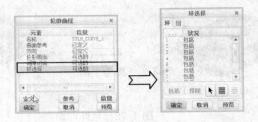

图 4-75　选择元素进行定义

04 在【环选择】对话框的【环】选项卡中，将编号为 5、6、7、8 的环排除，随后单击【确定】按钮关闭【环选择】对话框，最后再单击【轮廓曲线】对话框的【确定】按钮，完成轮廓曲线的抽取，结果如图 4-76 所示。

图 4-76　排除不需要的环并完成轮廓曲线的抽取

05 在【分型面和模具体积块】面板中单击【分型面】按钮，功能区弹出【分型面】选项卡。

06 在【分型面】选项卡的【曲面设计】面板中单击【裙边曲面】按钮，弹出【裙边曲面】对话框和【链】菜单管理器，如图 4-77 所示。

在图形区中选择轮廓曲线作为"特征曲线"，如图 4-78 所示。

图 4-77　【裙边曲面】对话框和【链】菜单管理器

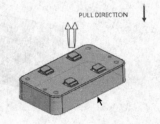

图 4-78　选择特征曲线

07 在菜单管理器中选择【完成】命令，并在【裙边曲面】对话框中单击【确定】按钮，完成裙边曲面的创建，如图 4-79 所示。

08 在【分型面】选项卡的【形状】面板中单击【扫描】按钮，弹出【扫描】面板。然后在靠破孔上选择起始边，并按住 Shift 键完成扫描轨迹的选取，如图 4-80 所示。

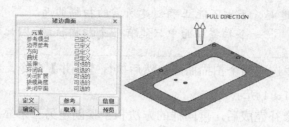

图 4-79　创建裙边曲面

> 除了显示产品模型外，暂时隐藏其他特征。靠破孔有 4 个，下面讲解其中一个的设计过程，其余的大家照此方法进行设计。

09 在操控板单击【创建或编辑扫描截面】按钮☑，然后进入草绘模式绘制如图 4-81 所示的截面曲线（1 条长 3.5 的直线）。

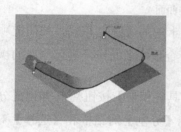

图 4-80　选取扫描轨迹

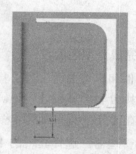

图 4-81　绘制扫描截面

10 退出草绘模式后单击操控板中的【应用】按钮，完成扫描曲面的创建，如图 4-82 所示。

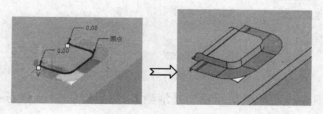

图 4-82　创建扫描曲面

11 执行【扫描】命令，然后创建如图 4-83 所示的扫描曲面。

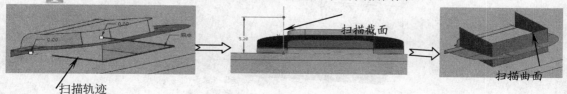

图 4-83　创建扫描曲面

选择扫描轨迹过程中，必须是按顺序选择边链。而且中间不能遗漏，否则不能正确创建所需的扫描曲面。

一个扫描曲面中只能有一个扫描轨迹，因此不能按 Ctrl 键选取。

12 右键从列表中选取两个扫描曲面，然后执行【合并】命令，将两个扫描曲面进行相交合并，结果如图 4-84 所示。

13 第 1 靠破孔修补完成后，再同样的方法和步骤创建另三个靠破孔的补面，过程就不重复叙述了。

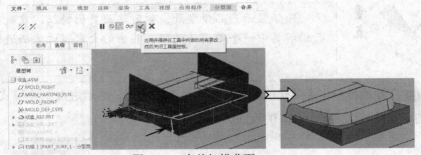

图 4-84　合并扫描曲面

14 完成分型面的设计后，单击【分型面】选项卡中的【确定】✓，关闭选项卡。然后显示工件和裙边曲面。为了验证分型面设计的是否合理，下面作分割体积块的操作，若成功了，则分型面就设计得正确，反正则不正确。

15 在【分型面和模具体积块】面板中单击【模具体积块】按钮，弹出【分割体积块】菜单管理器。选择其中的【完成】命令，再提出【分割】对话框和【选择】对话框，如图 4-85 所示。

图 4-85　执行分割体积块的命令

16 在前导工具条上将模型显示设为【消隐】，然后按住 Ctrl 键选择所有的分型面。然后单击【选择】对话框的【确定】按钮结束选取操作，如图 4-86 所示。

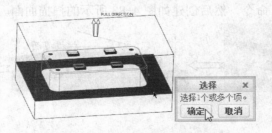

图 4-86　选择分割曲面（所有分型面）

120

17 在【分割】对话框单击【确定】按钮，弹出型芯体积块的【属性】对话框，保留默认名称再单击【确定】按钮，会弹出型腔体积块的【属性】对话框，单击【确定】按钮，完成模具体积块的分割，结果如图 4-87 所示。

18 分割的模具体积块如图 4-88 所示。说明本练习的分型面设计操作完全正确。最后将练习的结果保存。

图 4-87　完成模具体积块的分割

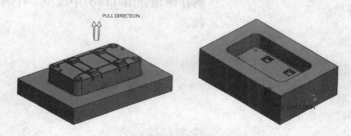

图 4-88　分割的模具体积块

第 5 章　成型零件的分割与抽取方法

　　成型零件包括型芯、型腔及其他小成型杆，本章将详细地介绍 Creo 中成型零件的设计方法与操作过程。

学习目标：

- 成型零件分割概述
- 分割模具体积块
- 模具元件
- 创建铸模
- 模具开模

5.1　成型零件分割概述

在 Creo 中使用模具分型面分割工件后，所得的体积块的总和称为成型零件。模具成型零件包括型腔、型芯、各种镶块、成型杆和成型环。由于成型零件与成品直接接触，它的质量关系到制件质量，因此要求有足够的强度、刚度、硬度和耐磨性，有足够的精度和适当的表面粗糙度，并保证能顺利脱模。

5.1.1　型腔与型芯结构

型腔（定模仁或凹模）和型芯（动模或凸模仁）部件是模具中成型产品外表的主要部件。型腔或型芯部件按结构的不同可分为整体式和组合镶拼式。

1.　整体式

整体式型腔或型芯仅由一整块金属加工而成，同时也是模具中的定模部件。如图 5-1 所示的型腔，其特点是牢固、不易变形，因此对于形状简单、容易制造或形状虽然比较复杂，但可以采用加工中心、数控机床、仿形机床或电加工等特殊方法加工。

近年来随着型腔加工新技术的发展和进步，许多过去必须组合加工的较复杂的型腔，现在也可以进行整体加工了。

2.　组合式

组合式型腔或型芯，按其组成方式的不同，又可分为整体嵌入式和局部嵌入式。

（1）整体嵌入式：为了便于加工，保证型腔或型芯沿主分型面分开的两半在合模时的对中性（中心对中心），常将小型型腔对应的两半做成整体嵌入式，两嵌块外轮廓截面尺寸相同，分别嵌入相互对中的动、定模板的通孔内。为保证两通孔的对中性良好，可将动定模配合后一道加工，当机床精度高时也可分别加工，如图 5-2 所示为整体嵌入式型腔部件。

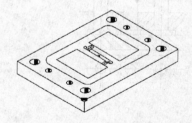

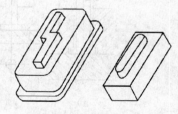

图 5-1　整体式型腔部件　　　　　　　　　　图 5-2　整体嵌入式型腔

（2）局部嵌入式：为了加工方便或型腔的某一部分容易损坏，需经常更换者应采取局部镶嵌的办法，如图 5-3a 所示的异形型腔，先钻周围的小孔，再在小孔内镶入芯棒，车削。

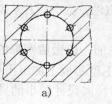

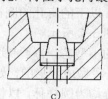

a)　　　　　　　　　　b)　　　　　　　　　　c)

图 5-3　局部镶嵌式型腔

加工出型腔大孔，加工完毕后把这些被切掉部分的芯棒取出，调换完整的芯棒镶入，便得到图示的型腔。图 b 所示的型腔内部有突起，可将此突起部分单独加工，再把加工好的镶件利用圆形槽镶在圆形槽内。图 c 是典型的型腔底部镶嵌。

5.1.2 小型芯或成型杆结构

成型杆往往单独制造，再镶嵌入主型芯板中，其连接方式多样，如图 5-4a 所示，采用过盈配合，从模板上压入；图 b 采用间隙配合再从成型杆尾部铆接，以防脱模时型芯被拔出；图 c 对细长的成型杆可将下部加粗或做得较短，由底部嵌入，然后用垫板固定或像图 d、图 e 所示的那样用垫块或螺钉压紧，不仅增加了成型杆的刚性，便于更换，且可调整成型杆高度。

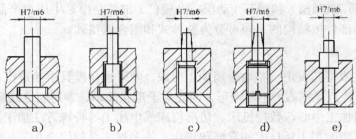

图 5-4　成型杆的组合方式

最常见的圆柱小型芯结构，如图 5-5a 所示。它采用轴肩与垫板的固定方法。定位配合部分长度为 3～5mm，用小间隙或过渡配合。非配合长度上扩孔后，有利于排气。有多个小型芯时，则可如图 5-5b 或 c 所示结构予以实施。型芯轴肩高度在嵌入后都必须高出模板装配平面，经研磨成同一平面后再与垫板连接。这种从模板背面压入小型芯的方法，称为反嵌法。

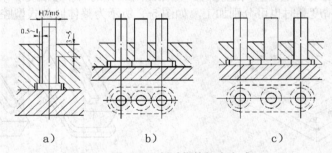

图 5-5　小型芯的组合方式

若模板较厚时，可采用如图 5-6a、b 所示的反嵌型芯结构。倘若模板较薄，则用图 c 所示的结构。

对于成型 3mm 以下的盲孔的圆柱小型芯可采用正嵌法，将小型芯从型腔表面压入。结构与配合要求如图 5-7 所示。

对于非圆形的小型芯，为了制造方便，可以把它下面一段做成圆形的，并采用轴肩连接，仅将上面的一段做成异形的，如图 5-8a 所示。在主型芯板上加工出相配合的异形孔。但支承和轴肩部分均为圆柱体，以便于加工与装配。对径向尺寸较小的异形小型芯可用正嵌法的结构，如图 5-8b 所示。实际应用中，反嵌法结构的工作性能比正嵌法可靠。

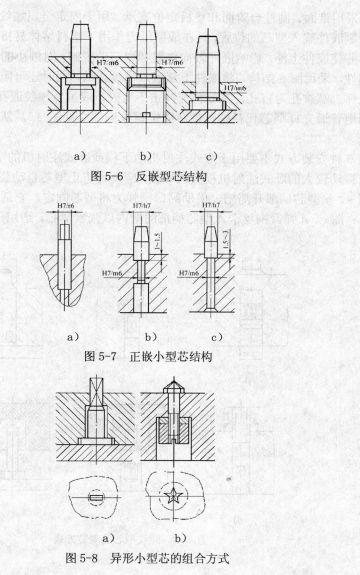

图 5-6　反嵌型芯结构

图 5-7　正嵌小型芯结构

图 5-8　异形小型芯的组合方式

5.1.3　螺纹型芯和螺纹型环结构

螺纹型芯和螺纹型环分别用于成型塑件的内螺纹和外螺纹,还可用来固定制件内的金属螺纹嵌件。成型后制件从螺纹型芯或螺纹型环上脱卸的方式包括:强制脱卸、机动脱卸和模外手动脱卸。

其中,手动脱卸螺纹要求是成型前使螺纹型芯或型环在模具内准确定位和可靠固定,不因外界振动和料流冲击而位移;开模后型芯或型环能同塑件一起方便地从模内取出,在模外用手动的方法将其从塑件上顺利地脱卸。

1. 螺纹型芯

螺纹型芯适用于成型塑件上的螺纹孔、安装金属螺母嵌件。螺纹型芯的安装方式如图5-9 所示,均采用间隙配合,仅在定位支承方式上有区别。图 a、b、c 用于成型塑件上的螺纹孔，采用锥面、圆柱台阶面和垫板定位支承。用于固定金属螺纹嵌件，采用图 d 的结构难以控制嵌件旋入型芯的位置，且在成型压力作用下塑料熔体易挤入嵌件与模具之间和固定孔内并使嵌件上浮，影响嵌件轴向位置和型芯的脱卸；对细小的螺纹型芯（小于 M3），为增加刚性，采用图 e 结构，将嵌件下部嵌入模板止口，同时还可阻止料流挤入嵌件螺纹孔；当嵌件上螺纹孔为盲孔，且受料流冲击不大时，或虽为螺纹通孔，但其孔径小于 3mm 时，可利用普通光杆型芯代替螺纹型芯固定螺纹嵌件（见图 f），从而省去了模外卸螺纹操作。

上述 6 种安装方式主要用于立式注射机的下模或卧式注射机的定模，而对于上模或合模时冲击振动较大的卧式注射机模具的动模，应设置防止型芯自动脱落的结构，如图 5-10 所示。图 a、b 型芯柄部开豁槽，借助豁口槽弹力将型芯固定，它适用于直径小于 8mm 的螺纹型芯；图 c、d 弹簧钢丝卡入型芯柄部的槽内以张紧型芯，适用于直径 8~16mm 的螺纹型芯。

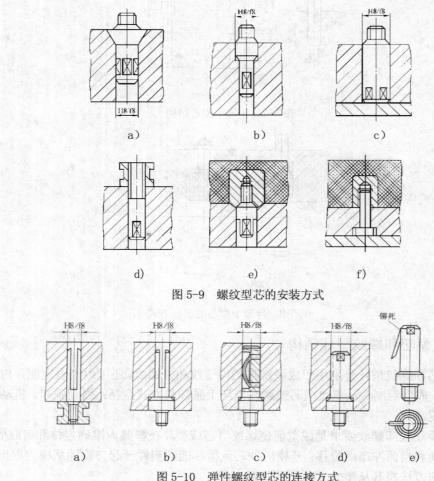

图 5-9　螺纹型芯的安装方式

图 5-10　弹性螺纹型芯的连接方式

2. 螺纹型环

螺纹型环适用于成型塑件外螺纹或固定带有外螺纹的金属嵌件。螺纹型环也分为整体式和组合式，如图 5-11 所示。

图 a 为整体式，它与模孔呈间隙配合（H8/f8），配合段常为 3～5mm，其余加工成锥状，再在其尾部铣出平面，便于模外利用扳手从塑件上取下。图 b 为组合式，采用两瓣拼合，销钉定位。在两瓣结合面的外侧开有楔形槽，以便脱模后用尖劈状卸模工具取出塑件。

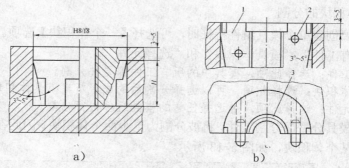

图 5-11　螺纹型环

1—螺纹型环　2—带外螺纹制件　3—螺纹嵌件

5.2　分割模具体积块

在 Creo 中，模具分型面是用来分割工件或现有模具体积块，而获得成型零件的。当指定分型曲面分割模具体积块或工件时，程序会计算材料的总体积，然后程序对分型面的一侧材料计算出工件的体积，再将其转化为模具体积。程序对分型面另一侧上的剩余体积重复此过程，因而生成了两个新的模具体积块，每个模具体积块在完成创建后都会立即命名。

在 Creo 模具设计模式中，单击【模具】选项卡的【分型面和模具体积块】面板中的【模具体积块】按钮，系统弹出【分割体积块】菜单选项，如图 5-12 所示。

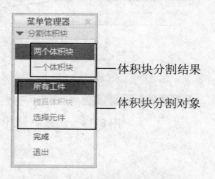

图 5-12　【分割体积块】菜单选项

从【分割体积块】菜单中包括两种体积块分割后的结果选项、三种可选取的分割对象，下面作简要介绍。

127

5.2.1 以分型面分割体积块

用分型面分割工件或现有模具体积块的最大优点之一是复制了工件或模具体积块的边界曲面。对工件或分型面进行设计更改时将不会影响分割本身。更改工件时，只要分型面与工件边界完全相交分割就不会有问题。

1. 一个体积块的分割

当用户需要创建单个模具组件特征时，可选择【一个体积块】选项。可以选取的分割对象包括"所有工件"、"模具体积块"和"选择元件"。

● 所有工件：选择此项，模具中的所有工件都要被分割。

● 模具体积块：选择此项，可以选择分割后的或者新建模具体积块来分割。

● 选择元件：选择此项，可选择任意的模具组件进行分割。

由于使用模具分型面分割工件，将被分割为至少两个体积块，因此在分割时系统会告知用户将保留某个体积块，如图 5-13 所示。

　　　要创建一个体积块，在【岛列表】菜单中不能同时勾选多个岛，否则与【一个体积块】命令相违背，当然也不能完成分割操作。

2. 两个体积块的分割

选择【分割体积块】菜单中的【两个体积块】选项，Creo 将把分割完成的体积块定义为芯与腔。

图 5-14 所示为选择【两个体积块】选项，并利用模具分型面分割工件后得到的型腔体积块与型芯体积块。

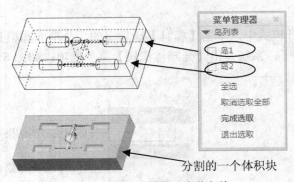

图 5-13　分割为一个体积块

图 5-14　分割的型腔与型芯体积块

5.2.2 编辑模具体积块

编辑、创建模具体积块是参照"参照模型"来进行材料的添加或减除地，使体积块与参照模型相适应，并设定模具体积块的拔模角。用户可以通过采用"聚合体积块"、"草绘体积块"和"滑块"三种方法来创建模具体积块。

从某种角度讲，【模具体积块】命令是专门用来设计型腔或型芯中的镶件。比如拆分的镶件、侧抽芯滑块等。

在【模具】选项卡的【分型面和模具体积块】面板中单击【模具体积块】按钮，功能区显示【编辑模具体积块】面板，并进入模具体积块编辑模式，如图 5-15 所示。

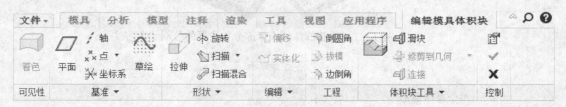

图 5-15 【编辑模具体积块】面板

1. 聚合体积块

"聚合体积块"是通过复制设计模型的曲面和参考边所创建的体积块。

进入模具体积块编辑模式后，在【体积块工具】面板中单击【收集体积块工具】按钮，弹出【聚合体积块】选项菜单，如图 5-16 所示。

【聚合体积块】子菜单的【聚合步骤】选项中，用户可以从 4 个子选项中选择单项或多项：

- 选择：从参照零件中选取曲面或特征。
-
- 排除：从体积块定义中排除边或曲面环。
- 填充：在体积块上填充内部轮廓线或曲面上的孔。
- 封闭：通过选取顶平面和邻接边关闭聚合体积块。

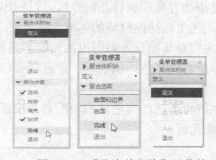

图 5-16 【聚合体积块】子菜单

2. 草绘体积块

"草绘体积块"是通过"拉伸"、"旋转"、"扫描"等实体创建工具，进入草绘模式绘制截面而创建的体积块。

当需要延伸聚合体积块或者排除某个区域时，可使用实体特征创建工具。例如，为了使模具加工方便，可将成型部分与外侧的边框分割开，如图 5-17 所示。

3. 滑块体积块

当产品具有侧孔或侧凹特征时，需要做滑块，这样才能保证产品能顺利地从模具中取出。在【体积块工具】面板中单击【滑块】按钮，随后弹出【滑块体积块】对话框，如图 5-18 所示。

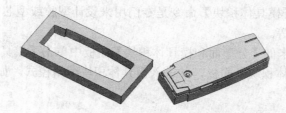

图 5-17 型芯部件的成型部分与边框的分割

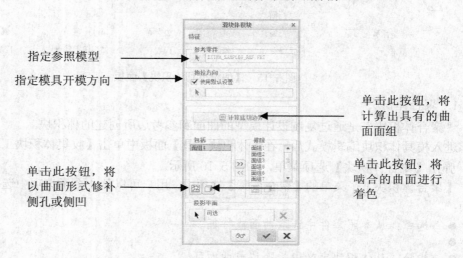

图 5-18 【滑块体积块】对话框

滑块创建过程由下列步骤组成：

（1）系统基于给定的"拖动方向"执行几何分析，以标出黑色体积块。黑色体积块是参照零件中将在模具开模期间生成捕捉材料的区域（除非创建了滑块）。它们被定义为参照零件区域，从"拖动方向"及其相反方向射出的光线都照射不到该区域。

（2）当系统标识并显示所有的黑色体积块时，请选取要包括进单个滑块的体积块或体积块组。

（3）指定投影平面。系统将所选的黑色体积块沿着与投影平面垂直的方向延伸，直至投影平面。这是最后的滑块几何。

5.2.3 修剪到几何

"修剪到几何"工具主要用于模具组件的修剪，如滑块头、斜顶、顶杆、子镶件等。修剪工具可以是零件、曲面或平面等。

在在【体积块工具】面板中单击【修剪到几何】按钮，系统将弹出【裁剪到几何】对话框，如图 5-19 所示。

130

只有当创建了模具体积块后,【修剪到几何】命令以及【参考零件切除】命令、【连接】命令才被激活。

在此对话框中,包含如下选项:

- "树"列表:列出了特征的元素。使用树来选取要重定义的元素。
- 参考类型:单选要用作参照的对象类型选项。在"零件"模式中,"零件"选项不可用。
- 参照:选取修剪时要用于参照的对象。
- 修剪类型:单击"从第一个"按钮，在与参照几何的第一个相交之后修剪几何。单击"从最后一个"按钮，在与参照几何的最后一个相交之后修剪几何。仅在将"零件"用作参照时,"修剪类型"选项才可用。
- 偏移:输入正值或负值,定义自边界曲面的偏移。

图 5-19　【裁剪到几何】对话框

5.2.4 模具体积块的编辑

模具体积块初次创建后,可使用"拔模与倒圆角"、"偏移"、"连接"等工具对体积块进行编辑、修改。

1. 拔模与倒圆角

用户还可以向模具体积块添加拔模和倒圆角特征。因此,可以在将其提取为模具元件前来定制体积块,如图 5-20 所示。在组件模式中创建模具体积块,或者自动分割模具体积块的同时,也可创建拔模与倒圆角特征。

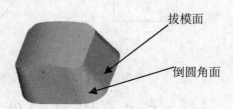

拔模面

倒圆角面

图 5-20　创建拔模与倒圆角特征

2. 偏移

使用"偏移区域"功能,可以偏移现有体积块中的曲面,以扩大体积块的特定区域。创建偏距特征时可以选择要偏移的曲面及其偏移方式。曲面的偏移有两种方法:

- 垂直于曲面:以垂直于选定曲面的方向偏移体积块的边。
- 平移:以与选定曲面平行的方向偏移体积块的边。

图 5-21 所示为偏移的体积块。

3. 连接

有时,在创建模具时多个模具体积块会因共同的成型要求,而连接成一个体积块。此时就需要使用"连接"工具。

创建模具体积块后，在菜单栏执行【编辑】→【连接】命令，成型弹出【搜索工具】对话框，如图 5-22 所示。

图 5-21　偏移体积块

通过此对话框，用户可以在【项目】列表中选择要连接的体积块，然后单击 >> 按钮，将体积块添加到右侧列表中，再单击对话框的【关闭】按钮 关闭，即可将该体积块添加为连接体积块的之一。同理，继续在体积块列表中选择要连接的体积块，再次单击对话框的【关闭】按钮 关闭，完成两个体积块的连接。若要连接其他的体积块，则继续添加体积块即可。

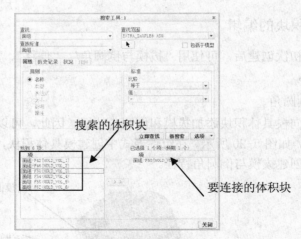

图 5-22　【搜索工具】对话框

5.3　模具元件

前面已经说明，模具体积块仅仅是三维曲面，而不是实体特征，因此分割完成模具体积块后，还需要将体积块通过填充实体材料，将其转变为具有实体特征的模具元件。模具元件的生成方式有，三种：创建、装配和型腔镶块。

5.3.1 抽取型腔镶件

在模具设计模式中，从模具体积块到模具元件的转换，这一过程是通过执行抽取操作来完成的。在【模具】选项卡的【元件】面板中单击【型腔镶件】按钮，系统将弹出【创建模具元件】对话框，如图 5-23 所示。

只有当创建模具体积块后，【型腔镶件】按钮 🔄 才亮显。

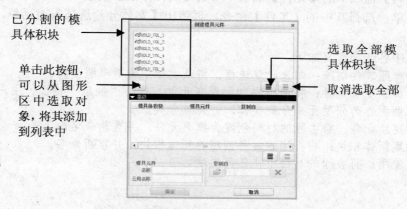

图 5-23　【创建模具元件】对话框

当前的模具体积块列于对话框的顶部，可单个选取或同时选取这些体积块以创建相关联的模具元件。所选的模具体积块出现在对话框的【高级】选项区中，用户可在此为抽取的模具元件指定名称并可选取起始参照零件。

5.3.2　装配模具元件

用户可以在零件设计模式中创建模具的组件模型，然后通过装配方式将模型装配到模具设计模式中，成为可以制模的模具元件。

5.3.3　创建模具元件

用户可以在组件设计模式下，创建模具的元件。例如，手动分模时，进入组件设计模式中可以采用复制曲面、延伸曲面，创建拉伸、旋转特征，并使用曲面修剪实体等操作，就可以得到模具的型腔、型芯、滑块、小成型杆等成型零件部件。

进入组件设计模式创建模具元件的命令方式如图 5-24 所示。

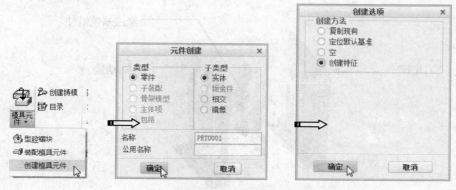

图 5-24　创建模具元件所选择的命令

5.3.4 实体分割

在手动分模时，常使用"实体分割"工具将产品从工件中减除，再使用分型面分开余下的体积块，就可得到型腔或型芯。

在【模具】选项卡的【元件】面板中单击【实体分割】按钮，将弹出【模具模型类型】选项菜单，选择其中的【工件】命令，再弹出【实体分割选项】对话框，如图 5-25 所示。

对话框中各选项含义如下：

● 按参照零件切除：勾选此复选框，将从实体中修剪参照模型。
● 添加到现有元件：将面组添加到现有元件，作为"抽取"特征。用户可以选择任意曲面作为分型面来分割实体，并将其分类。
● 创建新元件：将去除的材料创建为模具元件，并重新命名。
● 创建新体积块：将去除的材料创建为新体积块，并重新命名。
● 不使用：将去除的材料不作任何用途。

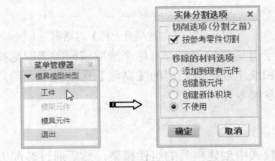

图 5-25 【实体分割选项】对话框

5.4 创建铸模

在 Creo 中，当模具的所有组件都设计完成时，可以通过浇注系统的组件来模拟填充模具型腔，从而创建铸模（制模），如图 5-26 所示分别是定模（型腔）、动模（型芯）、参照零件和浇注系统。

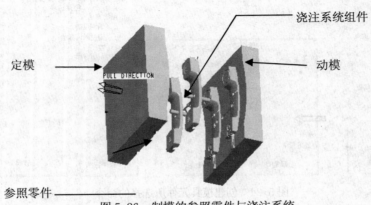

图 5-26 制模的参照零件与浇注系统

134

铸模可以用于检查前面设计的完整性和正确性，如果出现不能生成铸模文件的现象，极有可能是先前的模具设计有差错，或者参照零件有几何交错的现象。此外，铸模可以用于计算质量属性、检测合适的拔模，因为它有完整的流道系统可以较准确地模拟产品注射过程，所以可用于塑料顾问的模流分析。

5.5　模具开模

在模具体积块定义并抽取完成之后，模具元件仍然处于闭合状态。为了检查设计的适用性，可以模拟模具打开过程。

在【模具】选项卡的【分析】面板中单击【模具开模】按钮 ⊟ ，弹出【模具开模】选项菜单，然后依次选择【定义间距】|【定义移动】命令，系统将弹出【选取】对话框，在图形区中选择模具元件，单击其中的【确定】按钮，然后在图形区中选择一个基准以确定打开的方向，再输入移动距离，就能移动模具元件，如图 5-27 所示。

当选择要移动的对象后，必须关闭【选择】对话框才能选择边来作为分解的方向。

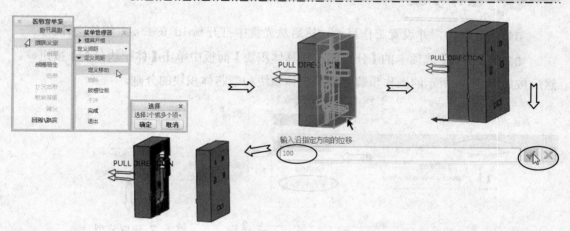

图 5-27　定义分解的步骤

图 5-28 所示为全部打开的模具元件。

图 5-28　全部打开的模具元件

5.6 动手操练

练习一：发动机外壳模具的分割与抽取

发动机外壳模型的结构比较简单，没有复杂的分型面。在使用分型面来分割模具体积块之前，模具分型面（包括切割出型腔、型芯的分型面和小成型杆分型面）已创建完成。发动机外壳模型如图 5-29 所示。

图 5-29 发动机外壳模型

1. 分割型腔、型芯和小成型杆的体积块

型腔、型芯体积块是用分型面将工件分割后的两个体积块，在分割过程中对体积块重命名，并着色，以查看分割效果。

操作步骤

01 启动 Creo，并设置工作目录，然后从光盘中打开 mold_6-1.asm 组件文件。

02 在【模具】选项卡的【分型面和模具体积块】面板中单击【体积块分割】按钮，然后按如图 5-30 所示的操作步骤完成型腔体积块和型芯体积块的分割。

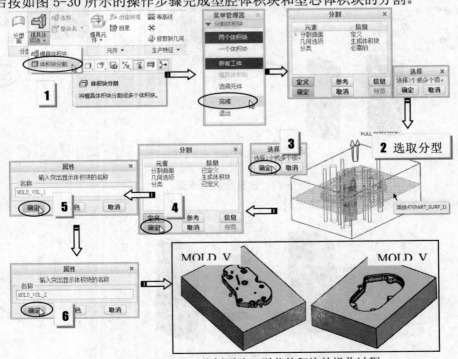

图 5-30 分割型腔、型芯体积块的操作过程

03 完成型腔、型芯体积块的分割以后，再按相同的步骤在型芯体积块中分割出小成型杆体积块（由于小成型杆分型面由 3 部分组成，因此分 3 次完成分割）。操作过程如图 5-31 所示。

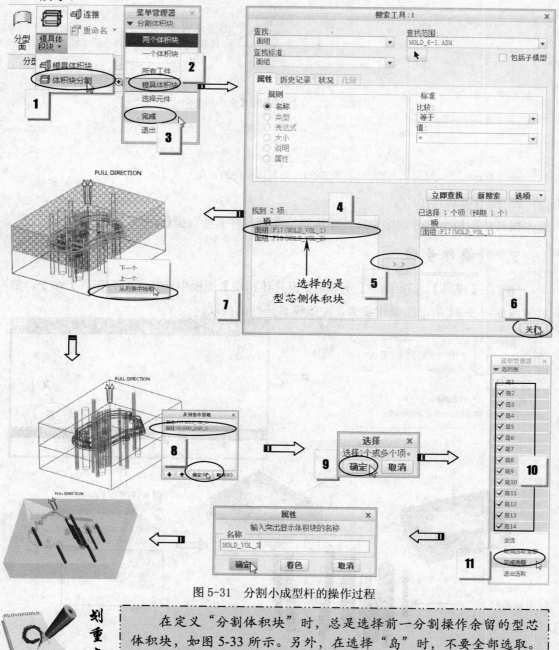

图 5-31　分割小成型杆的操作过程

> 在定义"分割体积块"时，总是选择前一分割操作余留的型芯体积块，如图 5-33 所示。另外，在选择"岛"时，不要全部选取。例如在操作步骤 **03** 的图解过程中（【岛】列表菜单），不能选择预留的型芯体积块部分（岛 1）。

04 同理，继续分割操作，完成其余两个小成型杆体积块的创建。分割完成的其余小成型杆如图 5-32 所示。

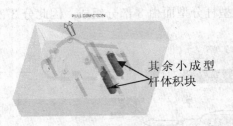

图 5-32　分割完成的其余小成型杆

图 5-33　分割体积块的定义

2. 抽取模具元件

模具体积块全部分割出来后，即可进行模具元件的抽取操作。

操作步骤

01 在【模具】选项卡的【分型面和模具体积块】面板中选择【型腔镶件】命令，然后按照如图 5-34 所示的操作步骤，完成模具元件的抽取。

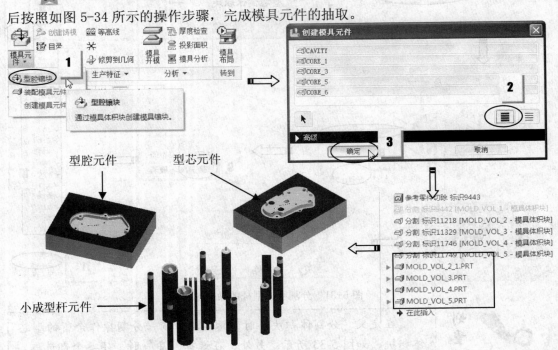

图 5-34　抽取模具元件的操作过程

02 为了后续操作的方便，在模型树中除参照模型与模具元件外，将其余隐藏。

3. 创建铸模

在【模具】选项卡的【分型面和模具体积块】面板中单击【创建铸模】按钮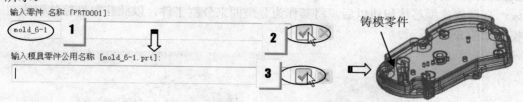，系统弹出铸模名称文本框，输入名称后，单击【接受】按钮，完成铸模零件的创建，如图5-35所示。

图 5-35　创建铸模零件

4.　模具开模

定义模具元件在 Z 方向上的间距，完成开模动作，如图5-36所示。模具开模动作定义完成后，在【文件】工具条单击【保存】按钮，保存结果文件。

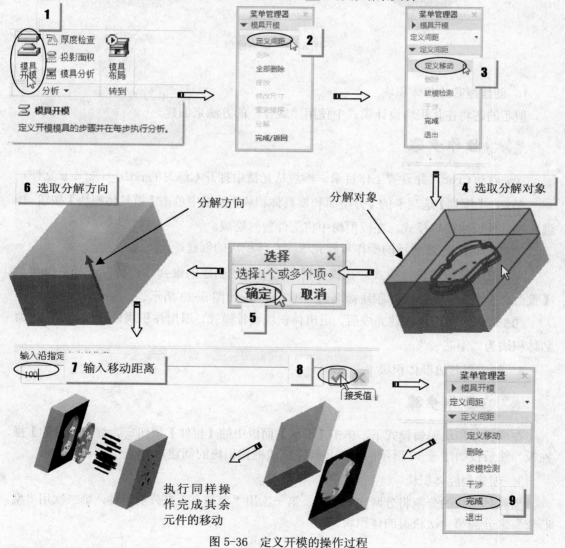

图 5-36　定义开模的操作过程

练习二：菜篮模具分割与抽取

菜篮模具的模具体积块（包括型芯的芯与边框体积块）将采用直接创建体积块的方法来完成。直接创建型芯体积块以后，将其作为分型面来分割工件，以此获得型腔体积块。菜篮模型如图 5-37 所示。

图 5-37　菜篮模型

1. 创建型芯的芯体积块

型芯的芯将在体积块设计模式中使用"聚合"的方法来创建。

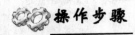 操作步骤

01 启动 Creo，并设置工作目录。然后从光盘中打开本练习的 mold_6-2.asm 文件。

02 在【模具】选项卡的【分型面和模具体积块】面板中单击【模具体积块】按钮，进入模具体积块编辑模式。在模型树中将工件暂时隐藏。

03 按如图 5-38 所示的操作步骤完成聚合体积块的创建。

04 退出体积块设计模式。在模型树中选中刚才创建的聚合体积块并选择右键菜单【重命名】命令，重新为体积块命名为"型芯-1"，如图 5-39 所示。

05 边框添体积块创建完成后，退出体积块设计模式。退出体积块设计模式后，重命名体积块为"型芯-2"。

2. 创建型芯边框体积块

操作步骤

在模具体积块编辑模式下，单击【形状】面板中的【拉伸】按钮，弹出【拉伸】操控板。然后按如图 5-40 所示的操作步骤完成边框体积块的创建。

3. 创建型腔体积块

型腔体积块的分割将分两次来完成。第一次用"型芯-1"来分割工件，第二次用"型芯-2"来分割第一次获得的体积块。

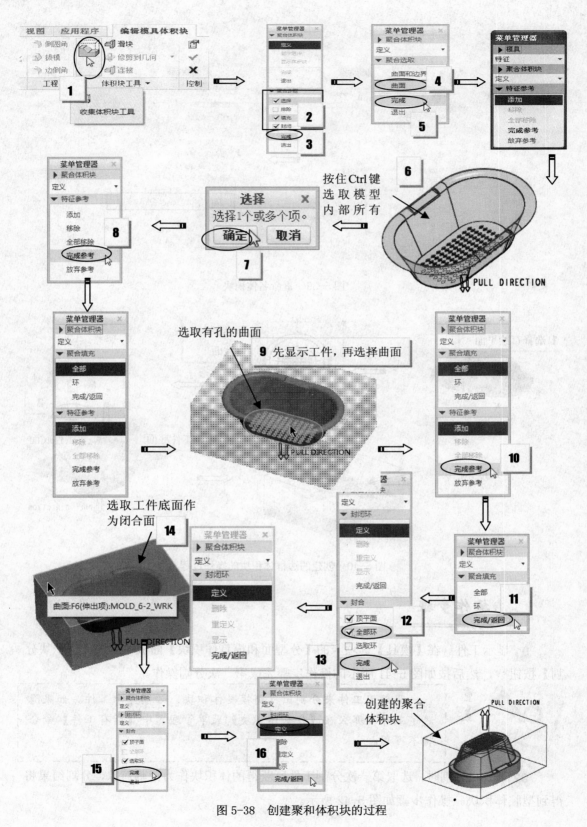

图 5-38　创建聚和体积块的过程

141

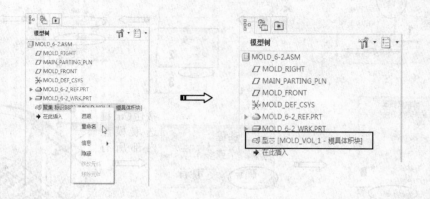

图 5-39 重命名体积块

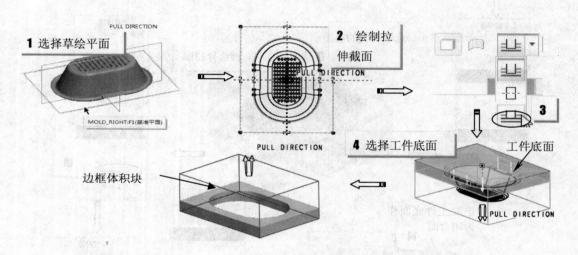

图 5-40 创建的边框体积块的操作过程

 操作步骤

01 显示工件。在【模具】选项卡的【分型面和模具体积块】面板中单击【体积块分割】按钮 🗗，然后按如图 5-41 所示的操作步骤完成第一次分割操作。

重点 要想用工件来分割出气筒模具体积块，必须显示工件。如果隐藏了工件，那么在【分割体积块】菜单管理器中【所有工件】命令将不可用。

02 第二次分割时，选取第一次分割工件所获得的体积块作为分割对象，分割结果将得到型腔体积块。操作步骤如图 5-42 所示。

4. 抽取模具元件

在【模具】菜单管理器中依次选择【模具元件】→【抽取】命令，系统弹出【模具抽取】对话框，在列表中选择前 3 个体积块作为要抽取的对象，单击【确定】按钮后，依次为 3 个元件分别重新命名为"cavity"、"core-1"、"core-2"，并最终完成 3 个模具元件的创建，如图 5-43 所示。

5. 制模与开模

利用【模具】选项卡【元件】面板中的【创建铸模】命令，创建命令为"cailan"的铸模零件。然后再使用【分析】面板中的【模具开模】工具定义模具开模，最终结果如图 5-44 所示。

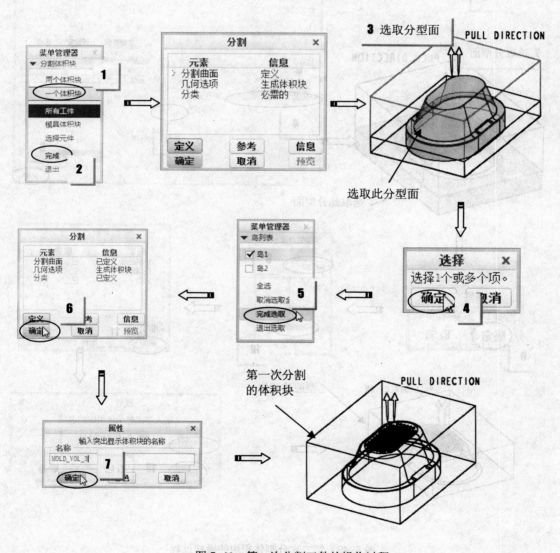

图 5-41　第一次分割工件的操作过程

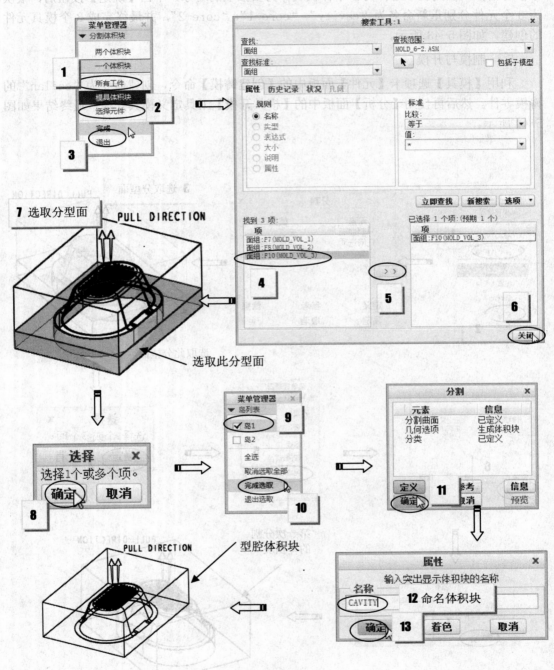

图 5-42 第二次分割体积块的操作过程

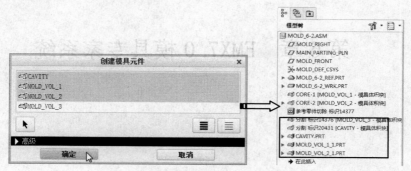

图 5-43　抽取模具元件

图 5-44　定义的模具开模

第6章 EMX7.0模具专家系统

EMX 是 Creo 的一个专业插件，属于 Creo Moldshop 套件的一部分，用于设计和细化模架。在 MOLDESIGN 模块中建好模具组件后，可以导入这个模架建立与之相应的标准模座及滑块、顶杆等辅助元件，并可进一步进行开模仿真及开模检查。设计结束时自动生成 2D 工程图及 BOM 表。

学习目标：

- EMX7.0 简介
- EMX7.0 项目
- 模架组件
- 模具元件
- 材料清单
- 模架开模模拟
- 模架标准语选用

6.1　EMX7.0 简介

本节中，我们将学习 EMX7.0 的安装及界面环境组成。这也是利用 EMX 设计模具模架及标准件的准备工作。

EMX7.0 是一款基于知识的系统，它包含了 17 家模架供应商的信息以及智能组件和模架。内建了十分丰富的模座数据库，包括了许多著名厂商的产品。设计者只需要按照自己的设计，点选所需即可。同时，它的用户设计系统也能够让设计者针对自己的设计要求，方便地修改细节参数，最终方便地设计出理想的高质量的模具，大大减少塑料模具所需的设计、定制和细化模架组件的时间。

总体来说，用 EMX7.0 来设计模架有如下特点：

- 通过 **2D** 的特定图形界面快速实时预览、添加、修改模架部件。
- 内建大量模架库，支持 17 个模型组件供应商信息。
- 只能模具组件及组装。
- 可生成各模板的 **2D** 工程图，自动创建 **BOM** 表。
- 可进行干涉检查及开模仿真。

本章采用的是最新的 EMX7.0 F000 版，这个版本在稳定性、功能性方面较以往的版本有了很大的提高。

6.1.1　EMX7.0 的安装与设置

EMX7.0 安装很简单，它作为 Creo1.0 的一个插件，必须在已经安装 Creo 的情况下才能正常安装使用。

安装及设置的操作步骤如下：

01 确保下载的 EMX7.0 安装文件放在全英文的目录内，否则点击 setup. exe 会没有任何反应。

02 在的 EMX7.0 安装文件夹内双击 setup. exe 或执行右键【打开】命令，弹出安装启动界面，如图 6-1 所示。

03 弹出 EMX7.0 的安装界面窗口，在此窗口中选择【EMX7.0】项目，进入到下一个安装窗口，如图 6-2 所示。

图 6-1　安装启动界面

图 6-2　在安装界面中选择项目进行安装

04 在弹出的定义安装组件的窗口中，选择要安装的功能，然后单击【安装】按钮，如图 6-3 所示。

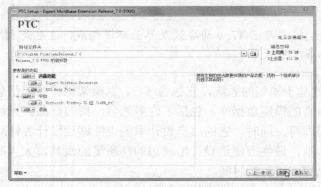

图 6-3 选择安装功能

05 经过一定时间的安装，完成了 EMX7.0 的安装，图 6-4 所示为安装进程中的状态。

图 6-4 安装进程中

06 安装完成后，单击【退出】按钮，如图 6-5 所示。

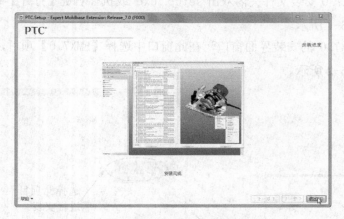

图 6-5 完成安装

07 首先在 EMX7.0 的安装路径 X（安装磁盘盘符）:\Program Files\emxRelease_

7.0\bin\ creo1 中以记事本格式打开 config.pro 文件，如图 6-6 所示。

08 打开后复制 config.pro 文件中的所有内容，如图 6-7 所示。

09 将复制的内容粘贴到 Creo1.0 许可证服务器安装路径下 C:\Users\XXXXX（用户的计算机名）\Documents 文件夹中的的 config.pro 文件里面，如图 6-8 所示。

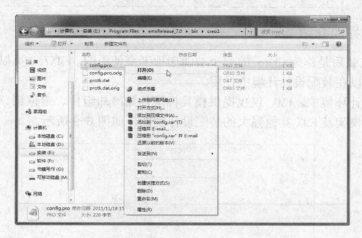

图 6-6　打开 config.pro 文件

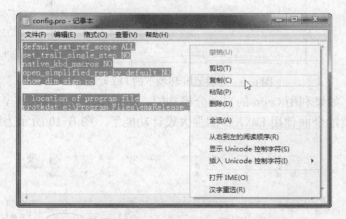

图 6-7　复制 config.pro 文件中的所有内容

图 6-8　复制、粘贴内容

也可以将 EMX7.0 的 config.pro 文件直接复制并替换 CREO 中的 config.pro 文件。但这样做的后果是，打开 CREO 后功能区中可能不会显示 EMX 的按钮命令，这样极不便于使用。

6.1.2 EMX7.0 界面介绍

EMX7.0 版安装后是作为 Creo 的一个功能选项卡来使用的。EMX7.0 可以在零件设计环境中应用，也可以在装配设计环境中使用。

但在零件设计环境中，EMX 仅仅提供模具标准件如冷却组件、定位销、螺钉及顶杆的加载，而不提供模架及 EMX 其他强大的装配设计功能，如图 6-9 所示。

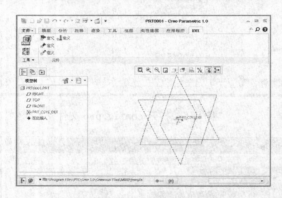

图 6-9　零件设计环境下的 EMX 功能

一般情况下，如果利用 Creo 的自动分模功能，创建模具成型零件（型芯、型腔及子镶件）的组件后，就能全面使用 EMX7.0 的强大设计功能了，图 6-10 所示为装配设计环境中 EMX7.0 的功能。

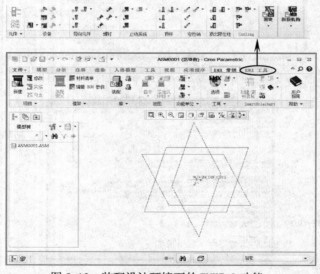

图 6-10　装配设计环境下的 EMX7.0 功能

EMX7.0 的所有功能都集中在【EMX 常规】选项卡和【EMX 工具】选项卡中。我们将在后续的内容中逐一介绍这些功能命令。

6.1.3 EMX7.0 的模具设计流程

（1）新建模架项目：在 EMX 中定义一个新的模架项目，并导入模具模型，然后对模具零件进行分类。

（2）加载标准模架：直接加载整组标准模架，再针对各细节尺寸进行修改，或者以手动方式添加所需要的模板和元件。

（3）添加浇注系统：在模架中设置主流道衬套和定位环等的型号和尺寸，并为模具添加分流道和浇口等。

（4）添加标准元件：在模架的模板上显示导柱、导套、螺钉、定位销、拉杆等标准元件。

（5）添加侧抽芯机构：在模架上添加滑块、斜导柱、螺钉、定位销等，这些元件负责将侧型芯从模具中抽出。

（6）加载推出机构：定义顶杆等元件，用于将制品从模具型腔中脱出。

（7）添加冷却系统：为模具添加冷却水线，即调用模架库中提供的标准冷却元件，将其添加到模架中。

（8）模具后期处理：对模具模板和元件进行处理（如添加边框、通孔等），以满足加工和成型的需要。

（9）开模运动模拟：模拟模架的开模过程，并能捕获成动画。

6.2 EMX7.0 项目

"项目"是 EMX 模架的顶级组件。创建新的模架设计时，必须定义一些将用于所有模架元件的参数和组织数据。

6.2.1 新建项目

在 Creo 的装配设计环境下【EMX 常规】选项卡的【项目】面板中，单击【新建】按钮弹出【项目】窗口，如图 6-11 所示。

【项目】窗口中各选项组功能如下：

● 【数据】选项组：主要作用是输入组件的项目名称、关联的绘图和报告、前缀和后缀的通配符、用户名、日期以及相关的注释，或者接受默认值。

● 【选项】选项组：设置测量单位（"毫米"（mm）或"英寸"（in））和"项目类型"（装配或制造）。

● 【模板】选项组：主要用来设置是否使用用户定义的模板，或者默认的模板。如果使用默认模板，需要勾选【复制绘图】和【复制报告】复选框，以此创建绘图会报告。

● 【参数】选项组：勾选【添加本地项目参数】复选框，以便为新项目创建一组特定于项目的参数。要输入或更改参数值，可双击参数的"？"值框。

完成项目的定义后，单击窗口中的【保存修改并关闭对话框】按钮，完成 EMX 项目的创建。创建项目后即刻进入 EMX 设计环境，图形窗口中将显示 EMX 模架设计坐标系及基准平面，如图 6-12 所示。

可以在基本环境界面中创建 EMX 项目，或者创建模具元件，也可以从磁盘中直接打开 .asm 后缀名的装配文件。装配以后，就可以使用 EMX 来设计模架及标准件了。

6.2.2 修改项目

如果需要对创建的项目进行修改，可以单击【修改】按钮 ，重新打开【项目】窗口，然后重新定义项目。

图 6-11 【项目】窗口

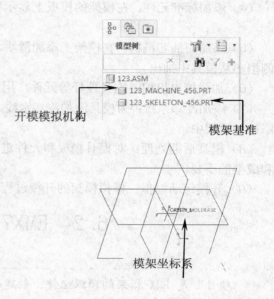

开模模拟机构

模架基准

模架坐标系

图 6-12 EMX 项目

6.2.3 为模具元件分类

为装配的模具元件（包括型芯、型腔和子镶件）进行分类，目的是确定模具元件在模架中的位置，便于后续的设计和控制操作。

在【EMX 常规】选项卡的【项目】面板中单击【分类】按钮 分类，弹出【分类】对话框，如图 6-13 所示。

> **重点** 在打开的【分类】对话框中，EMX 会自动为加载的模具元件进行分类。但这个分类有时不准确，需要用户手动分类。例如在【模型类型】列表中出现了两个"插入动模"类型，而"插入定模"类型则没有，这明显是不合理的。

通过在【分类】对话框左边的项目列表中选择模具元件来高亮显示，据此可以为该元件分类。模架中通常有如下 5 类：

● 模型：为一般模型，包括 EMX 项目下的两个子项目及模具装配模型。

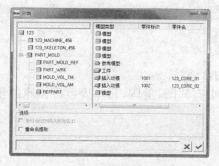

图 6-13　【分类】对话框

● 参考模型：为模具设计环境下用来创建成型零件的参考模型——产品。
● 工　件：模具设计环境下创建的工件。
● 插入动模：插入到模具动模侧的成型零件，一般是型芯和型芯中的成型杆。
● 插入定模：插入到模具定模侧的成型零件，一般是型腔和型腔中的成型杆。

从【分类】对话框可以看出，需要重定义"插入动模"的类型。首先高亮显示 MOLD_VOL_AM 元件，判定其在定模侧。因此在"模型类型"列表下与其水平对应的"插入动模"类型位置，双击以显示下拉列表，然后选择【插入定模】选项即可，如图 6-14 所示。

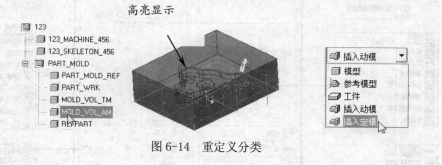

图 6-14　重定义分类

6.2.4　项目完成

当要加载模具模架时，可以在【项目】面板中单击 ✔完成 按钮，以删除模架中所有隐含的特征。

6.3　模架组件

模架是承载型芯/型腔镶块的板和主要元件的集合。模具的模架包括动模（上模）座板、定模（下模）座板、动模板、定模板、支承板、垫板等。模架选择的关键是确定型腔模板的周界尺寸和厚度，模板的周界尺寸和厚度的大小计算需要参考塑料模具设计手册，在这里不作详细阐述。

模架选择的步骤可分为以下几步：
（1）确定模架组合方式。根据制品成型所需的结构来确定模架的结构组合方式。
（2）确定型腔壁厚。通过查取有关资料或有关壁厚公式计算来得到型腔壁厚尺寸。
（3）计算型腔模板周界限。

（4）计算模板周界尺寸。

（5）确定模板壁厚。

（6）选择模架尺寸。

（7）检验所选模架的合适性。

在 EMX7.0 中，模架库中有韩国、美国、日本及欧洲国家的模架设计标准。这里以 FUTABA 模架为例重点介绍。

6.3.1 载入 EMX 组件

在【EMX 常规】选项卡的【模架】面板中单击【装配定义】按钮，弹出【模具定义】对话框，如图 6-15 所示。在对话框下方的选项卡中单击【从文件载入组件定义】按钮，弹出【载入 EMX 组件】对话框。在该对话框的【供应商】列表中选择供应商后，下方【保存的组件】列表中显示可供选择的模架类型，如图 6-16 所示。

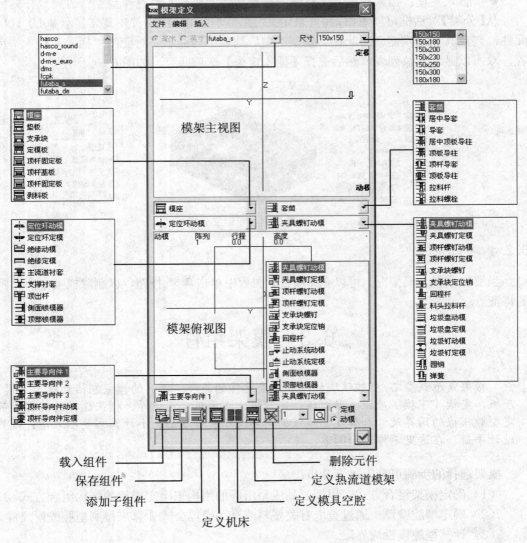

图 6-15　【模具定义】对话框

154

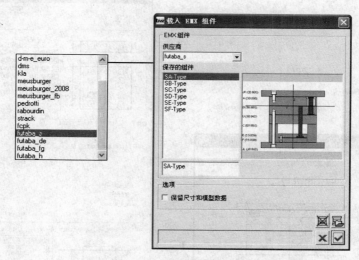

图 6-16 【载入 EMX 组件】对话框

选择一个模架类型后，在【保存的组件】列表中双击选中的模架类型，可在【模具定义】对话框中显示该模架的主视图与俯视图。单击【接受】按钮 ✓，系统自动载入该类型模架组件至模架设计模式中，如图 6-17 所示。

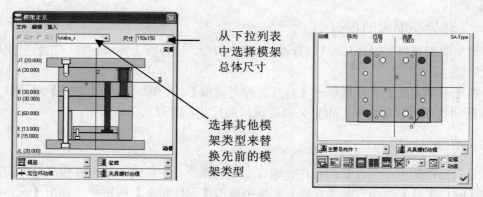

图 6-17 显示模架的主视图与俯视图

6.3.2 编辑模架组件

模架模板的相关参数（包括模板厚度、长度、BOM 数据和材料等）是按国际标准的模架规格来定义的，而模板的参数往往取决于用户创建的成型零件尺寸、厂家经济效益等因素，这就要求用户按需求重新定义。

可以通过两种途径来重定义模板参数：

- 在【模板模架组件】列表中选择要编辑的模板后，单击模架主视图中显示的模板符号，即可弹出【板】对话框进行参数编辑，如图 6-18 所示。
- 在模架主视图中右键选择要编辑的模板，也会弹出【板】对话框。待编辑的模板呈红色显示。

155

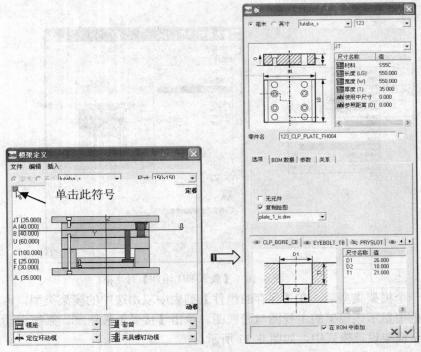

图 6-18　编辑模板参数的命令途径

6.3.3　选择要编辑的模板

模架装配至模架设计环境以后，在模架中的动、定模板上需要切除一定的空间用以安放成型镶件。

在【模架定义】对话框单击【打开型腔对话框】按钮 ▦，弹出【型腔】对话框，如图 6-19 所示。通过该对话框，可定义型腔切口的尺寸、阵列及切口类型。

6.3.4　装配/拆解元件

载入的模架中，没有导向元件、螺钉、止动系统、定位销、顶杆等模具元件，用户可以在【EMX 工具】选项卡的【元件】面板中单击【元件状态】按钮 ▦，弹出【元件状态】对话框，如图 6-20 所示。通过该对话框，勾选要装配或卸载的元件选项来定义元件在模架设计模式中的显示状态。

6.4　元件（模具标准件）

根据模具制造需要，用户可以向模具添加所需的螺钉、销钉、导柱、导套、顶杆、冷却系统、浇注系统、顶出系统等标准件，还可以对加载的模具标准件进行重定义。

6.4.1　定义元件

使用 EMX 的元件定义功能，可以向元件添加属性，EMX 会为新元件创建一个参照组，元件信息在此参照组中作为参数存储。所有切口和元件本身将作为此参照组的子项装配。

图 6-19　【型腔】对话框

图 6-20　【元件状态】对话框

1. 定义导向元件

导向元件包括导柱和导套。在【EMX 工具】选项卡的【导向元件】面板中单击【定义导向元件】按钮，弹出【导向件】窗口如图 6-21 所示。典型导套和导柱如图 6-22 所示。

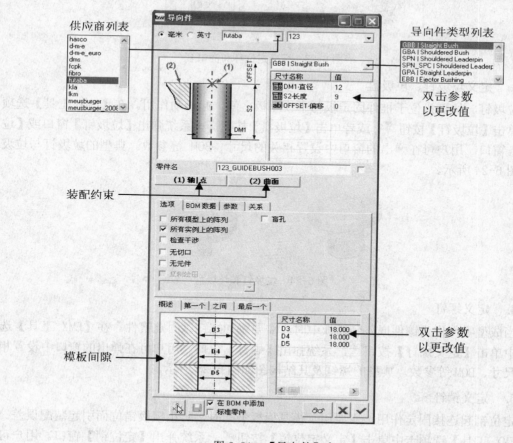

图 6-21　【导向件】窗口

157

2. 定义定位环与浇口套

定位环和浇口套是注射机喷嘴与模具接触部位起固定作用的元件，同时也是浇注系统组件。在【EMX 工具】选项卡【设备】面板中单击【定位环】按钮 ，或者单击【主流道衬套】按钮 ，系统弹出【定位环】窗口或【主流道衬套】窗口。用户可在弹出的窗口中设置相关的尺寸、BOM 等参数。典型的定位环与浇口套的结构如图 6-23 所示。

图 6-22　标准导套和导柱

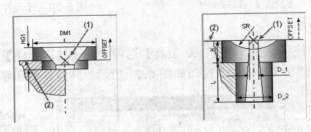

图 6-23　标准定位环和浇口套

3. 定义垃圾钉、垃圾盘

垃圾钉、垃圾盘位于推件固定板与下模座板之间，起止动作用。在【EMX 工具】选项卡中单击【垃圾钉】按钮 ，或者单击【垃圾盘】按钮 ，系统弹出【垃圾钉】窗口或【垃圾盘】窗口。用户可在弹出的窗口中设置相关的尺寸、BOM 等参数。典型的垃圾钉与垃圾盘如图 6-24 所示。

图 6-24　垃圾钉和垃圾盘

4. 定义螺钉

当成型零件作为镶件嵌入到模板中时，需要添加螺钉以固定镶件。在【EMX 工具】选项卡中单击【定义螺钉】按钮 ，系统弹出【螺钉】窗口。用户可在弹出的窗口中设置相关的尺寸、BOM 等参数。典型的螺钉及其结构图如图 6-25 所示。

5. 定义销钉

定位销起连接固定作用，主要用于模具模板装配时，防止模板错位而引起装配误差。在【EMX 工具】选项卡中单击【定义定位销】按钮 ，系统弹出【定位销】窗口。用户可在弹出的窗口中设置相关的尺寸、BOM 等参数。典型的定位销及其结构图如图 6-26 所示。

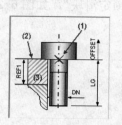

图 6-25　螺钉及其结构图

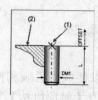

图 6-26　定位销及其结构图

6. 定义顶杆

顶杆主要用于成型后的产品顶出，顶杆有时也可以作为成型制品的一部分（如小成型杆）。在【EMX 工具】选项卡中单击【定义顶杆】按钮，系统弹出【顶杆】窗口。通过该窗口，可以定义 4 种顶杆类型（直顶杆、扁顶杆、有托顶杆和顶管），如图 6-27 所示。

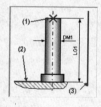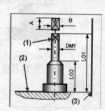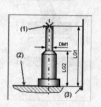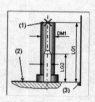

直顶杆　　　　　　　　扁顶杆　　　　　　　　有托顶杆　　　　　　　　顶管

图 6-27　顶杆的 4 种类型

7. 定义冷却元件

冷却元件属于冷却系统中模具元件，主要用于模具成型时冷却制品，如图 6-28 所示。

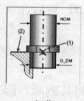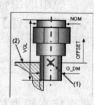

喷嘴　　　　　　　　接头　　　　　　　　管塞　　　　　　　　隔水片　　　　　　　　O 型胶圈

图 6-28　冷却元件

8. 定义滑块

滑块用于制件侧向脱模，属于顶出系统组成零件。在【EMX 工具】选项卡中单击【定义滑块】按钮，系统弹出【滑块】窗口。通过该窗口，用户可以定义三种类型的滑块，如"单面锁定滑块"、"拖拉式滑块"和"双面锁定滑块"，如图6-29所示。

单面锁定滑块　　　　　　拖拉式滑块　　　　　　双面锁定滑块

图6-29　滑块类型

9. 定义斜顶机构

当制件内部有倒扣特征时，需要做斜顶机构以便成型后顺利推出制件。在【EMX工具】选项卡中单击【定义斜顶机构】按钮，系统弹出【斜顶机构】窗口。通过该窗口，用户可以定义两种类型的滑块："圆形型芯斜顶"和"矩形型芯斜顶"，如图6-30所示。

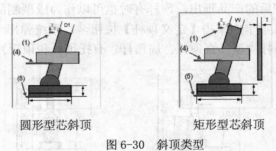

圆形型芯斜顶　　　　　　　　矩形型芯斜顶

图6-30　斜顶类型

6.4.2　修改元件

EMX元件的修改可以通过"修改"工具来完成。修改操作是在某个元件的元件定义对话框中进行的。

例如要修改一个导向元件，在【EMX工具】选项卡中单击【修改导向元件】按钮，系统弹出【选取】对话框，并在信息栏中提示用户需要选择参照组的坐标系或点。用户只需在图形区中选择某个导向元件的放置点，系统随即自动弹出【导向件】窗口，然后在该窗口中重定义各项参数。

6.4.3　删除元件

对模架设计模式中加载的模具模架元件，用户最好不要直接在模型树中将其删除，因为这种删除方法会使删除的元件保留在系统内存中。

因此，EMX提供了模架元件的删除工具。例如要删除一组同类型的螺钉，在【EMX工具】选项卡中单击【删除螺钉】按钮，系统弹出【选取】对话框，并在信息栏中提示用户需要选择参照组的坐标系或点。用户只需在图形区中选择要删除的螺钉放置点，系统自动将其从模架中删除。

6.5　材料清单

材料清单是模具设计师在设计完成模具以后制作的一组模具材料报表（BOM 表）。该报表是材料采购人员采购模具加工材料时的重要依据，如模具材料类型、板料尺寸、材料厂家等。

在【EMX 常规】选项卡的【模架】面板中单击【材料清单】按钮 ▓▓，系统弹出【材料清单】对话框，如图 6-31 所示。

在【模型树】窗口中选择要编辑的 BOM 条目，图形区中该条目代表的元件将高亮显示。若用户不需要将某些条目输出，可以在右边的【模型】列表中选择它，使其前面的 👁 符号变为 ◌。

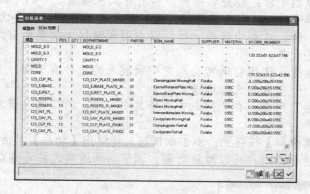

图 6-31　【材料清单】对话框

在【模型】列表中右键选择某一条目，系统将弹出【编辑 BOM 条目】对话框，如图 6-32 所示。用户可在该对话框中双击"值"以进行编辑。

图 6-32　【编辑 BOM 条目】对话框

重点　若要编辑某一参数值，必须先单击前面的"锁"符号，使其由 ▓ 变为 ▓ 后，并在"值"列表中双击参数值，方可进行编辑。

6.6　模架开模模拟

　　EMX 向用户提供基于模具开模状态的模拟工具——"模架开模模拟"。此工具还可以执行模具组件之间的干涉检查，以便于用户及时地找出原因，并加以解决。

　　在【EMX 常规】选项卡的【工具】面板中单击【模架开模模拟】按钮▦，系统弹出【模架开模模拟】对话框，如图 6-33 所示。

　　在此对话框中，各选项含义如下：

● 开模总计：这是注射成型机模座移动的距离。
● 步距宽度：此值用于增大模架开模、创建动画影片的帧，以及运行干涉检查。
● 不检查干涉：单选此项，开模模拟时无任何干涉检查。
● 检查参照模型干涉：检查参照模型和所有其他模型之间的干涉。
● 检查所有模干涉：进行全局干涉检查。此干涉检查的时间要比其他前两个选项长。
● "模拟组"树：在树中选择一行，以在图形窗口中加亮所有元件，并在右边列表中显示这些元件。
● 忽略螺钉检查：因螺钉通常会与它们所旋入的元件有干涉。为了避免错误的干涉检查结果，一般应勾选此选项。
● "结果步距"列表：在此列表中选择其中一项，可以高亮显示模架运行到该值时的干涉结果。
● 【运行开模模拟】按钮▦：单击此按钮，将弹出【动画】对话框，如图 6-34 所示。通过该对话框，用户可以播放动画、调节动画速度，并可捕获瞬时动画效果。

图 6-33　【模架开模模拟】对话框

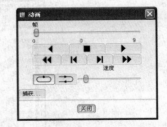

图 6-34　【动画】对话框

6.7　模架的标准与选用

　　模架是型腔与型芯的装夹、分离及闭合的机构。为了便于机械化操作以提高生产效率，模架由结构、类型和尺寸都标准化、系列化并具有一定互换性的零件成套组合而成。

6.7.1 中小型模架

标准模架分为两大类：大型模架和中小型模架。接下来将针对模架结构、类型及如何选用模架的基础知识作详细介绍。

按国家标准规定，中小型模架的尺寸为 $B×L≤500mm×900mm$。模具中小型模架的结构型式可按如下特征分类：结构特征、导柱和导套的安装形式，以及动、定模板座的尺寸和模架动模座结构。

1. 按结构分类

中小型模架按结构特征来分，也分为基本型和派生型。其中基本型包括 A1～A4 型共 4 个品种。

- A1 型：定模采用两块模板，动模采用一块模板，设置顶杆顶出机构，适用于单分型面成型模具。中小型模架的基本型 A1 品种如图 6-35 所示。
- A2 型：定模和动模均采用两块模板，设置顶杆顶出机构。适用于直接浇口，采用斜导柱侧抽芯的成型模具。中小型模架的基本型 A2 品种如图 6-36 所示。

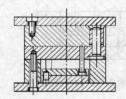
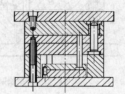

图 6-35　A1 型中小型模架　　　　　　　　图 6-36　A2 型中小型模架

- A3 型：定模采用两块模板，动模采用一块模板，设置推件板推出机构。适用于薄壁壳体类塑料制品的成型以及脱模力大、制品表面不允许留有推出痕迹的成型模具。中小型模架的基本型 A3 品种如图 6-37 所示。
- A4 型：此型模架均采用两块模板，设置推件板推出机构，适用范围与 A3 型基本相同。中小型模架的基本型 A4 品种如图 6-38 所示。

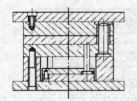
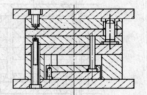

图 6-37　A3 型中小型模架　　　　　　　　图 6-38　A4 型中小型模架

除基本型模架外，中小型模架的派生型总共有 P1～P9 的 9 个品种。

- P1～P4 型：模架由基本型模架 A1～A4 型对应派生而成。结构型式的差别在于去掉了 A1～A4 型定模座板上的固定螺钉，使定模一侧增加了一个分型面，成为双分型面成型模具，多用于点浇口。其他特点和用途同 A1～A4。派生型模架 P1～P4 型如图 6-39 所示。
- P5 型：模架的动、定模各由一块模板组合而成，如图 6-40 所示，主要适用于直接浇口简单整体型腔结构的成型模具。
- P6～P9 型：P6 型与 P7 型、P8 型与 P9 型是相互对应的结构，如图 6-41 所示。P7 型和 P9 型相对于 P 型和 P8 型只是去掉了定模座板上的固定螺钉。P6～P9 型模架均适用于复杂结构的注射成型模，如定距分型自动脱落浇口的注射模等。

2. 按导柱和导套的安装形式分类

中小型模架按导柱和导套的安装形式可分正装（代号取 Z）和反装（代号取 F）两种。序号 1、2、3 分别表示为采用带头导柱、有肩导柱、有肩定位导柱。

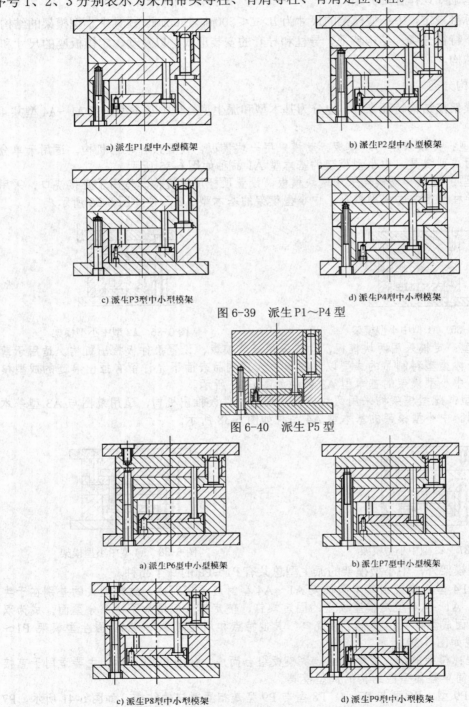

a) 派生 P1 型中小型模架   b) 派生 P2 型中小型模架

c) 派生 P3 型中小型模架   d) 派生 P4 型中小型模架

图 6-39　派生 P1～P4 型

图 6-40　派生 P5 型

a) 派生 P6 型中小型模架   b) 派生 P7 型中小型模架

c) 派生 P8 型中小型模架   d) 派生 P9 型中小型模架

图 6-41　派生 P6～P9 型

● Z1 型：采用带头导柱的正装模架，如图 6-42a 所示。

- Z2 型：采用有肩导柱的正装模架，如图 6-42b 所示。
- Z3 型：采用有肩导柱定位的正装模架，如图 6-42c 所示。
- F1 型：采用带头导柱的反装模架，如图 6-43a 所示。
- F2 型：采用有肩导柱的反装模架，如图 6-43b 所示。
- F3 型：采用有肩定位导柱的反装模架，如图 6-43c 所示。

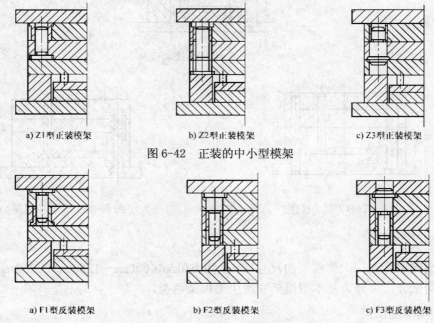

a) Z1型正装模架 b) Z2型正装模架 c) Z3型正装模架

图 6-42　正装的中小型模架

a) F1型反装模架 b) F2型反装模架 c) F3型反装模架

图 6-43　反装的中小型模架

3. 按动、定模板座的尺寸分类

中小型模架按动、定模座板的尺寸可分为有肩工字模架和无肩直身模架两种。

- 工字模架：上、下模座板尺寸大于其余模板的尺寸，形似一个"工"字，如图 6-44 所示。
- 直身模架：上、下模座板尺寸等于其余模板的尺寸，如图 6-45 所示。

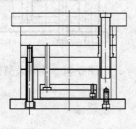

图 6-44　工字模架

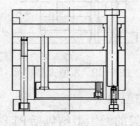

图 6-45　直身模架

4. 按模架动模座结构分类

中小型模架的动模座结构以 V 表示，分为 V1、V2 和 V3 型三种，国家标准中规定，基本型和派生型模架动模座均采用 V1 型结构。

- V1 型：模架动模座结构 V1 型如图 6-46 所示。
- V2 型；模架动模座结构 V2 型如图 6-47 所示。

● V3 型；模架动模座结构 V3 型如图 6-48 所示。

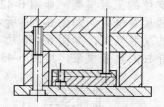

图 6-46 V1 型动模座

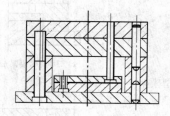

图 6-47 V2 型动模座

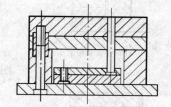

图 6-48 V3 型动模座

6.7.2 大型模架

根据国家标准，大型模架的尺寸 $B \times L$ 为 630mm×630mm～1250mm×2000mm。大型模架按其结构来分，可分为基本型模架和派生型模架两类。

1. 基本型模架

大型模架的基本型结构分为和 A 型 B 型两个品种。
● A 型：由定模二模板、动模一模板组成，设置顶杆顶出机构，如图 6-49 所示。
● B 型：由定模二模板、动模二模板组成，设置顶杆顶出机构，如图 6-50 所示。

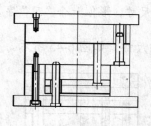

图 6-49 A 型大型模架

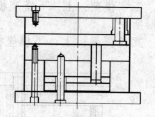

图 6-50 B 型大型模架

2. 派生型模架

大型模架的派生型结包括 P1～P4 型共 4 个品种。
● P1 型由定模二模板、动模二模板组成，用于点浇口的双分型面结构，如图 6-51 所示。
● P2 型由定模二模板、动模三模板组成，设置推件板推出机构，如图 6-52 所示。
● P3 型由定模二模板、动模一模板组成，用于点浇口的双分型面结构，如图 6-53 所示。
● P4 型由定模二模板、动模二模板组成，设置推件板推出机构，如图 6-54 所示。

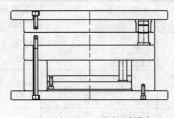

图 6-51　P1 型大型模架

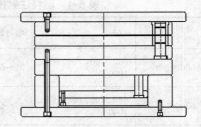

图 6-52　P2 型大型模架

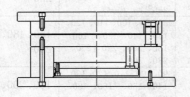

图 6-53　P3 型大型模架

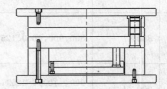

图 6-54　P4 型大型模架

6.7.3　大型模架的尺寸组合

模架的尺寸组合主要是依据模具的主要结构类型及延伸类型的品种，以及模板的长度和宽度来进行的。

《塑料注射模大型模架》国家标准规定，大型模架的周界尺寸范围为 630mm×630mm～1250mm×2000mm，适用于大型热塑性塑料注射模。

模架品种有 A 型、B 型组成的基本型和由 P1～P4 型组成的派生型，共 6 个品种。大型模架组合用的零件，除全部采纳 GB/T 4169.1～4169.23—2006《塑料注射模零件》第 1～第 23 部分外，超出该系列标准零件尺寸系列范围的，按照 GB/T 2822—2005《标准尺寸》，结合我国模具设计采用的尺寸，并参照国外先进企业标准，建立了与大型模架相配合使用的专用零件标准。

大型模架以模板每一宽度尺寸为系列主参数，各配有一组尺寸要素，组成 24 个尺寸系列。按照同品种、同系列采用的模板厚度 A、B 和支承块高度 C 划分为每一系列的规格数，供设计和制造者选用。

如图 6-55 所示为 630×L 尺寸组合模架的两种典型类型：A 型、B 型。

GB/T 12555—2006《塑料注射模模架》的全部尺寸组合系列见表 6-1。

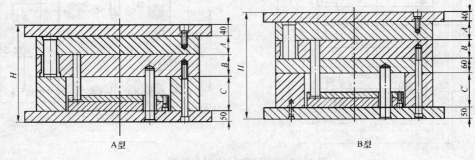

图 6-55　630×L 尺寸组合模架

167

表 6-1　塑料注射模大型模架标准的尺寸组合

序号	系列 $B \times L$	L/mm	编号数	导柱 ϕ/mm	模板 A、B 尺寸 /mm	支承块高度 C/mm
1	$600 \times L$	600、700、800、900、1000	01～64	50	70、80、100、110、120、130、140、150、160、180、200	120、130、150、180
2	$650 \times L$	650、700、800、900、1000	01～64	50	0、80、100、110、120、130、140、150、160、180、200、220	125、130、150、180
3	$700 \times L$	700、800、900、1000、1250	01～64	60	70、80、90、100、110、120、130、140、150、160、180、200、220、250	150、180、200、250
4	$800 \times L$	800、900、1000、1250	01～64	70	80、90、100、110、120、130、140、150、160、180、200、220、250、280、300	150、180、200、250
5	$900 \times L$	900、1000、1250、1600	01～64	70	90、100、110、120、130、140、150、160、180、200、220、250、280、300、350	180、200、250、300
6	$1000 \times L$	1000、1250、1600	01～64	80	100、110、120、130、140、150、160、180、200、220、250、280、300、350、400	180、200、250、300
7	$1250 \times L$	1250、1600、2000	01～64	80	100、110、120、130、140、150、160、180、200、220、250、280、300、350、400	180、200、250、300

6.7.4　中小型模架的尺寸组合

《塑料注射模中小型模架》国家标准规定，中小型模架的周界尺寸范围为 $B \times L \leqslant 500\text{mm} \times 900\text{mm}$，并规定模架的结构型式为品种型号，即基本型 A1～A4 型 4 个品种，派生型 P1～P9 型 9 个品种，共 13 个品种。由于定模和动模座板分有肩和无肩两种形式，故又增加 13 个品种，共计 26 个模架品种。中小型模架全部采用 GB/T 4169.1～4169.23—2006 系列标准。从表 6-2 中可以看出，在序号 1 中宽度 B 为 100mm 的模板，有 3 种长度 L（100mm、125mm、160mm）与其相组合，因模板厚度 A、B 和支承块高度 C 的变化，共形成 64 种规格，以编号 01～64 表示。如图 6-56 所示为 $150 \times L$ 尺寸组合模架的典型类型。

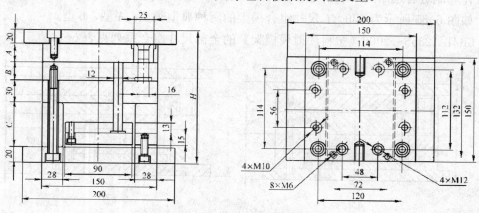

图 6-56　$150 \times L$ 尺寸组合模架

表 6-2　塑料注射模中小型标准模架的尺寸组合

序号	系列 B×L	L/mm	编号数	导柱 φ/mm	模板 A、B 尺寸/mm	支承块高度 C/mm
1	15×L	150、180、200、230、250	01～64	16	20、25、30、35、40、45、50、60、70、80	50、60、70
2	180×L	200、250、315	01～49	20	20、25、30、35、40、45、50、60、70、80	60、70、80
3	200×L	200、230、250、300、350、400	01～49	20	25、30、35、40、45、50、60、70、80、90、100	60、70、80
4	230×L	230、250、270、300、350、400	01～64	20	25、30、35、40、45、50、60、70、80、90、100	70、80、90
5	250×L	250、270、300、350、400、450、500	01～49	25	30、35、40、45、50、60、70、80、90、100、110、120	70、80、90
6	270×L	270、300、350、400、450、500	01～36	25	30、35、40、45、50、60、70、80、90、100、110、120	70、80、90
7	300×L	300、350、400、450、500、550、600	01～36	30	35、40、45、50、60、70、80、90、100、110、120、130	80、90、100
8	350×L	350、400、450、500、550、600	01～64	30/35	40、45、50、60、70、80、90、100、110、120、130	90、100、110
9	400×L	400、450、500、550、600、700	01～49	35	40、45、50、60、70、80、90、100、110、120、130、140、150	100、110、120、130
10	450×L	450、500、550、600、700	01～64	40	45、50、60、70、80、90、100、110、120、130、140、150、160、180	100、110、120、130
11	500×L	500、550、600、700、800	01～49	40	50、60、70、80、90、100、110、120、130、140、150、160、180	100、110、120、130
12	550×L	550、600、700、800、900	01～64	50	70、80、90、100、110、120、130、140、150、160、180、200	110、120、130、150

6.7.5　模架的选用方法

在模具设计时，应正确选用标准模架，以节省制模时间和保证模具质量。选用标准模架简化了模具的设计和制造，缩短了模具生产周期，方便了维修，而且模架精度和动作可靠性容易得到保证，因而使模具的价格整体下降。目前标准模架已被行业广泛采用。

1. 模架的选用

标准模架的选用过程包括以下几个方面：

- 根据制品图样及技术要求，分析、计算、确定制品类型、尺寸范围（型腔投影面积的周界尺寸）、壁厚、孔形及孔位、尺寸精度及表面性能要求、材料性能等，以便制订制品成型工艺、确定浇口位置、制品重量以及模具的型腔数目，并选定注射机的型号及规格。选定的注射机应满足制品注射量和注射压力的要求。
- 确定模具分型面、浇口结构形式、脱模和抽芯方式与结构，根据模具结构类型和尺寸组合系列来选定所需的标准模架。
- 核算所选定的模架在注射机上的安装尺寸要素及型腔的力学性能，保证注射机和模具能相互协调。

2. 模架规格

模架规格的确定往往取决于模仁（包括型腔和型芯）大小。模架模板厚度与模仁尺寸之间的关系，如图 6-57 所示。

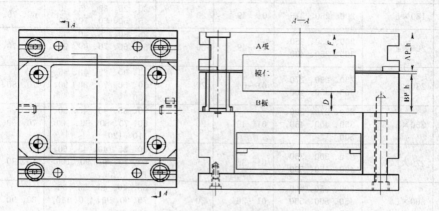

图 6-57　模板厚度与模仁尺寸的关系

模架模板与模仁宽度之间的尺寸关系，如图 6-58 所示。

表 6-3 给出了模仁尺寸与模架规格的对应关系。

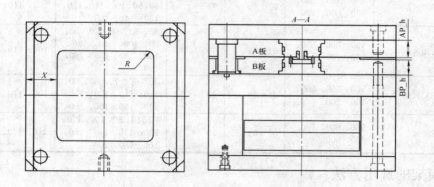

图 6-58　模板与模仁宽度的尺寸关系

表 6-3　模仁尺寸与模架规格的对应关系　　　　　　　　　　（单位：mm）

模仁尺寸	模架规格选择参考			
	R	X（最小值）	F（最小值）	D（最小值）
2020～2330	8	40	25	30
2525～2740			30	35
3030～3045	13	50	30	40
3550～3060				
3555～4570	16	55	35	50
5050～6080	20	65	40	60
7070～1000	25	75	45	80

模仁尺寸与模架 A、B 板厚度最小取值关系见表 6-4。

表 6-4　模仁尺寸与模架 A、B 板厚度取值关系　　　　　　　　　　（单位：mm）

模仁尺寸	A、B 板最小厚度		
	无支承板		有支承板
	AP_h	BP_h	（AP_h/ BP_h）
2020～2330	50	60	25
2525～2550	60	70	30
3535～3060	70	80	35
3555～4070	80	90	
4545～5070			50
5555～6080	100	110	60
7070～1000	120	130	70

6.8　动手操练

下面以一个键盘模具的模架设计实例来说明 EMX7.0 的基本用法。希望大家熟练掌握。

键盘模型的长宽比例较大，其成型零件总体尺寸长度、宽度、厚度分别为 540mm、240mm、105mm，由此确定模架规格为 400mm×700mm。模架进胶方式为多点侧面进胶，因此模架类型可选择为二板模（futaba_s 的 SC_Type 类型）。键盘模型及成型零件如图 6-59 所示。

键盘模具的模架设计过程将分 4 个阶段进行：新建模架项目、装配模型、零件分类和定义模架组件。

图 6-59　键盘模型与成型零件

1. 新建模架项目

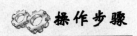 操作步骤

01 启动 Creo1.0，然后设置工作目录，如图 6-60 所示。

02 在基本环境界面下，单击【EMX】选项卡中的【新建】按钮，弹出【项目】窗口。在窗口中设置如图 6-61 所示的参数，然后单击【保存修改并关闭对话框】按钮，完成新模架项目的创建。创建的项目如图 6-62 所示。

171

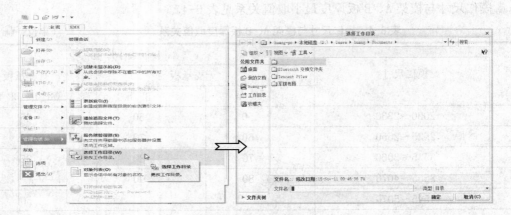

图 6-60　设置工作目录

图 6-61　【项目】对话框

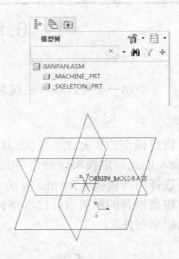

图 6-62　创建模架项目

2. 装配成型零件

操作步骤

01 在【模型】选项卡的【元件】面板中单击【装配】按钮🖳，系统弹出【打开】对话框。通过该对话框选择本例光盘中的 ex7-1.asm 装配文件。

02 按照如图 6-63 所示的操作步骤完成模具成型零件的装配。

> **重点**　　在装配模型时，只有装配操控面板中显示了"完全约束"的状态后，才算装配成功。

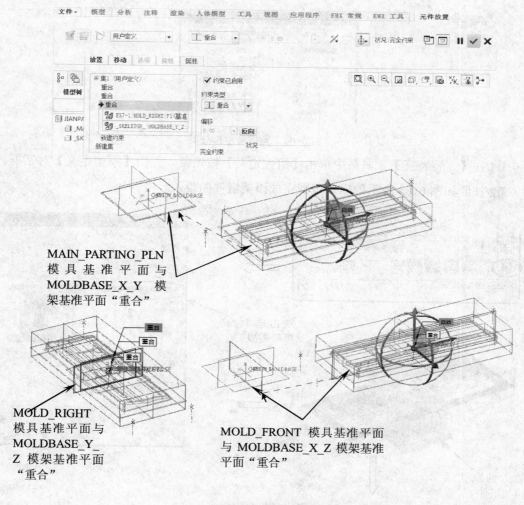

MAIN_PARTING_PLN
模 具 基 准 平 面 与
MOLDBASE_X_Y 模
架基准平面"重合"

MOLD_RIGHT
模具基准平面与
MOLDBASE_Y_
Z 模架基准平面
"重合"

MOLD_FRONT 模具基准平面
与 MOLDBASE_X_Z 模架基准
平面"重合"

图 6-63 装配成型零件模型

重点

在装配模型时，应使成型镶块的长边在模架设计坐标系 MOLDBASE 的 X 轴方向上，否则与模架的方位不匹配。此外，型腔元件且始终在模架设计坐标系+Z 方向上，因为模架组件是依据模架设计坐标系来装配的。

3. 项目分类

在【EMX 常规】选项卡的【项目】选项卡中，单击【分类】按钮 🖳，系统弹出【分类】对话框。在该对话框中为装配的成型零件进行如图 6-64 所示的分类操作。

4. 定义模架组件

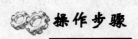操作步骤

图 6-64 为成型零件分类

01 在【工程特征】工具条中单击【组件定义】按钮▤，弹出【模架定义】对话框。

02 按照如图 6-65 所示的操作步骤完成模架组件的载入。

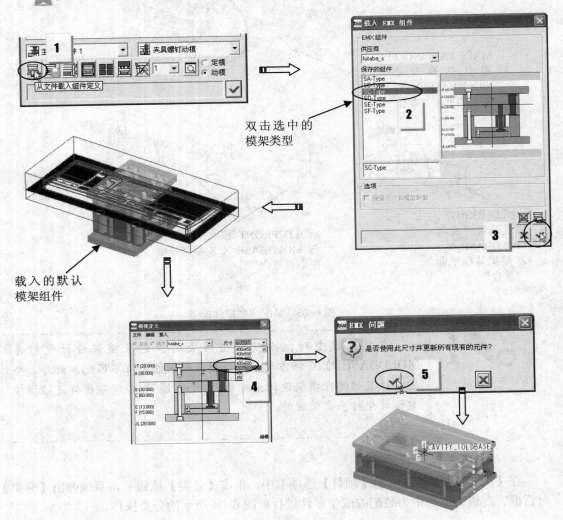

图 6-65 定义模架组件

03 在【模架定义】对话框的模架主视图中依次选择 A 板和 B 板进行编辑，如图 6-66 所示。

在加载模架过程中，若模架组件在图形区没有完全显示，则在【编辑】工具条中单击【再生】按钮即可

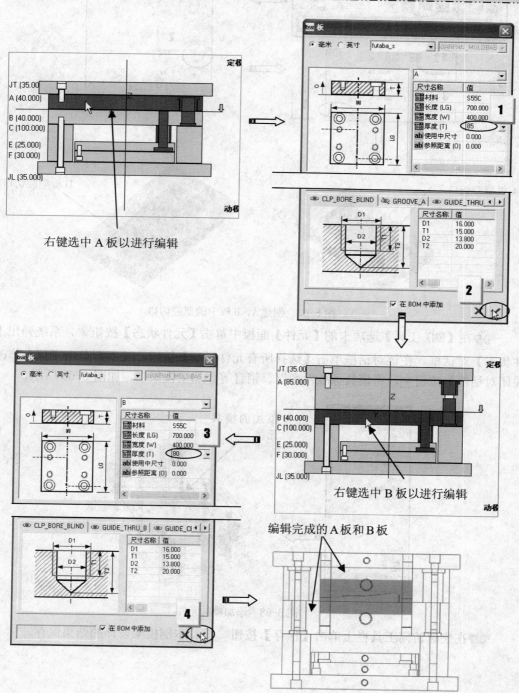

右键选中 A 板以进行编辑

右键选中 B 板以进行编辑

编辑完成的 A 板和 B 板

图 6-66　编辑 A 板和 B 板

175

04 按如图 6-67 所示的操作步骤创建 A、B 板中的型腔切口。

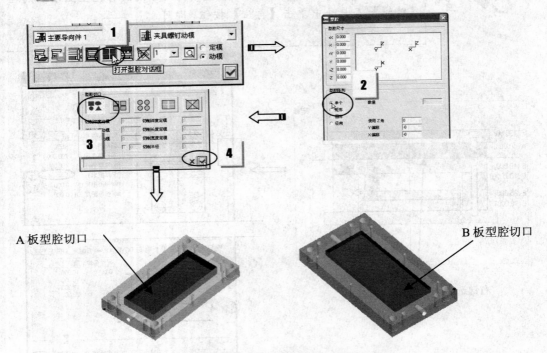

图 6-67 创建 A、B 板中的型腔切口

05 在【EMX 工具】选项卡的【元件】面板中单击【元件状态】按钮，系统弹出【元件状态】对话框。在该对话框单击【选择所有元件类型】按钮，接着再单击【保存修改并关闭对话框】按钮，将模具标准件螺钉、销钉等添加至模架中，如图 6-68 所示。

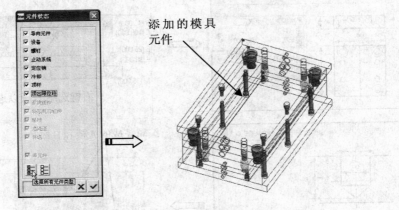

图 6-68 添加模具元件

06 在快速访问工具栏上单击【保存】按钮，将本例模架设计的结果保存。

第 7 章　浇注系统设计方法

一套完整的模具，包含了多个相关的辅助系统，它们帮助产品完成从注射→充填→保压→冷却→脱离模具的整个制造流程。这些辅助系统包括浇注系统、冷却系统、排气系统和顶出系统。本章主要介绍浇注系统设计方面的知识。

学习目标：

- 浇注系统设计概述
- 模具排气系统设计
- MW 定位环和浇口套设计
- MW 流道设计
- MW 浇口库
- 创建浇注系统组件的腔体

7.1　模具浇注系统设计概述

注塑模的浇注系统是指塑料熔体从注塑机喷嘴出来后到达模腔前在模具中所流经的通道。浇注系统分为普通浇注系统和无浇道凝料浇注系统两大类。其作用是将熔体平稳地引入型腔，使之充满型腔内各个角落，在熔体填充和凝固过程中，能充分地将压力传递到型腔的各个部位，以获得组织致密、外形清晰、尺寸稳定的塑件。浇注系统的设计是注塑模设计中的一个关键环节。

7.1.1　浇注系统的组成与作用

普通浇注系统由主流道、分流道、浇口、冷料穴几部分组成，图 7-1 所示为卧式注射模的普通浇注系统。

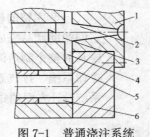

图 7-1　普通浇注系统

1—浇口套　2—主流道　3—冷料穴　4—分流道　5—浇口　6—型腔

1.　主流道

承接熔融塑料从注射机喷嘴到分流道的一段流道就是主流道。它与注射机喷嘴在同一轴线上，物料在主流道中不改变流动方向，主流道断面形状一般为圆锥形或圆柱形。

2.　分流道

分流道是主流道与浇口之间的通道，一般开设在分型面上。在多型腔的模具中分流道必不可少，而在单型腔模具中，一般用在多浇口进料。分流道的设计应尽量减小熔体在流道内的压力损失，尽可能避免熔体温度降低过快，尽可能减小流道的容积。

3.　浇口

浇口是指紧接流道末端将塑料引入型腔的狭窄部分。主流道型浇口以外的各种浇口，其断面尺寸都比分流道的断面尺寸小得多，长度也很短，起着调节料流速度、控制补料时间等作用。

4.　冷料穴

冷料穴用来除去料流中的前端冷料。在注射循环过程中，由于喷嘴与低温模具接触，使喷嘴前端存有一小段低温料。开始注射时，冷料在料流最前端，若冷料进入型腔将造成塑件上的冷疤、熔接缝，甚至冷料头堵塞浇口造成不能进料。冷料穴一般设在主流道末端，有时分流道末端也设有冷料穴。

7.1.2 主流道的设计

在卧式或立式注射机的模具中，主流道垂直于分型面，主流道通常设计成圆锥形，其锥角为 2°～4°，对流动性较差的塑料锥角可取 3°～6°，以便浇道凝料从主流道中拔出。主流道的内表面应尽量光滑，表面粗糙度为 Ra=0.4～0.8μm。主流道的长度应尽量短，长度应小于 60mm。为了使熔融塑料能从喷嘴处完全进入主流道，应使主流道与注射机的喷嘴紧密对接，其对接处常设计成半球形凹坑，其半径略大于喷嘴头半径。由于主流道要与喷嘴反复接触和碰撞，所以主流道部分应尽量优先采用浇口套式，以便选用优质钢材加工和热处理。

1. 主流道的结构

主流道的常用结构主要有三种：

- 整体式主流道：如图 7-2a 所示，是最简单的一种主流道，直接由定模板加工成型，适于简单注射模。
- 组合式主流道：如图 7-2b 所示，若定模板是由两块模板组成，主流道也可在两块模板上分别加工，再组合在一起而成，此形式简单，但要注意保证其同轴度。
- 浇口套式主流道：如图 7-2c 所示，这是最常用的主流道结构，是以浇口套的形式镶于模板中，便于加工、拆卸和热处理，适用于所有注射模具。

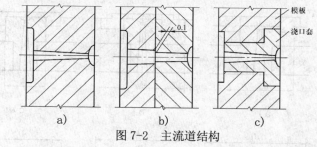

图 7-2 主流道结构

2. 浇口套的设计

浇口套有Ⅰ型和Ⅱ型两类，如图 7-3 所示，其中Ⅰ型浇口套大端高出定模座板 5～10mm，起定位环作用，与注射机定位孔呈间隙配合。Ⅱ型浇口套可防止浇口套在反压力作用下脱出定模座板，使用时用固定在定模上的定位环压住浇口套大端台阶即可。浇口套与定模座板的配合一般按 H7/m6 过渡配合。注意，当主流道需穿过两块模板时，为防止在模板结合面处溢料造成主流道凝料脱出困难，应尽量采用浇口套。浇口套材料常用 T8A 或 T10A，热处理硬度为 50～55HRC，低于注射机喷嘴的硬度。

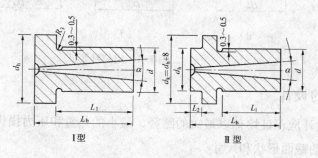

图 7-3 浇口套类型

3. 定位环的设计

为保证模具安装在注射机上其主流道与喷嘴的对中性，常采用定位环定位。对于小型注射模，直接利用浇口套的台肩作为模具的定位环，对于大中型模具，常将定位环与浇口套分开设计。定位环与注射机定模座板中心定位孔相配，配合精度为 H11/h11。定位环与定位孔的配合长度，一般小型模具取 8~10mm，大型模具取 10~15mm。

定位环的形式如图 7-4 所示，图 a 是最常用的形式。图 b 可不在定模座板上加工安装定位环的台阶孔。在这两种结构中，若将注射机定位孔配合的直径 d_j 及定模上定位孔配合的直径 d_m 做成通用或标准尺寸，则只需更换定位环，便可使同一模架适用不同的注射机。图 c 是利用定位环台阶压住 I 型浇口套，以防浇口套退出定模座板的结构。其中的孔径 D_n 要求与浇口套直径 d_n 配合。图 d、e 所示的定位环结构便于更换浇口套，同时也防止浇口套在注射时后退。图 f 所示定位环适于延伸式喷嘴结构。

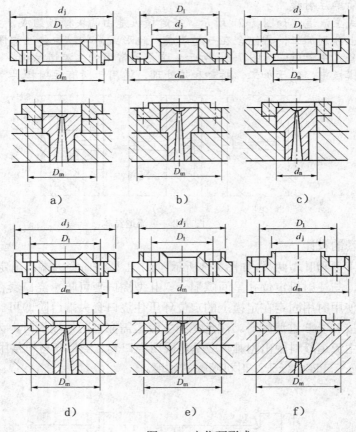

图 7-4 定位环形式

7.1.3 分流道的设计

分流道的设计应保证熔体以最短的路径、最小的热量和压力损失，快速注入模具型腔。

1. 分流道的截面形状和尺寸

（1）分流道的截面形状：常用分流道截面形状如图 7-5 所示，有圆形、梯形、U 形、半圆形、矩形等。其中圆形需在动模和定模两边同时开槽组合而成，其他断面可单开在定模一侧或动模一侧。在分流道设计中应综合考虑塑料的成型性能和模具的加工工艺。通常从塑料的流动性方面考虑，采用圆形较好，从加工方面考虑，梯形、U形、半圆形和矩形加工较容易。

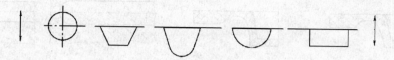

图 7-5　常用分流道截面形状

（2）分流道的截面尺寸和长度：分流道的截面尺寸应根据塑件的大小、壁厚和塑料品种、注射速度及分流道长度等因素确定。对于流动性很好的 PE 和 PA，分流道直径为 2mm 左右，对于流动性差的塑料，如丙烯酸类，分流道直径可达 12mm，多数塑料的分流道直径在4.8～8mm。

分流道的长度取决于模具型腔总体布置方案和浇口位置，为减少熔体热量和压力损失，应尽量设计最短的分流道长度。

2.　分流道的布置形式

分流道的布置有平衡式和非平衡式两类。

（1）平衡式是指从主流道到各型腔的分流道和浇口的长度、形状、断面尺寸都相等。这种设计可达到各个型腔均衡地进料，均衡地补料，如图 7-6a 所示。在加工平衡式布置的分流道时应注意各对应部位尺寸的一致性，其断面尺寸的误差应在1%以内。

（2）非平衡式一般适用于型腔数较多的情况，其流道的总长度可比平衡式布置短一些，因而可减少回头料，如图 7-6b 所示。为达到各型腔同时充满，可把浇口截面尺寸设计成大小不等。非平衡式布置的分流道也可采用改变各段流道断面尺寸的办法来达到进料平衡，使从主流道到各个浇口的压力降相等。由于流道断面尺寸不便于修整，在设计时应先计算，再在试模时配合修浇口以达到较好的效果。

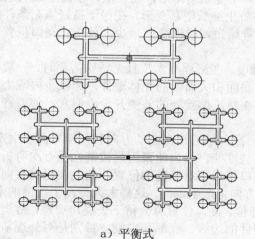

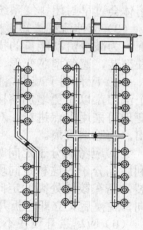

a）平衡式　　　　　　　　　　　　　　　　b）非平衡式

图 7-6　分流道的布置形式

3.　分流道与浇口的连接

分流道与浇口通常采用斜面和圆弧连接，如图 7-7a、b 所示，这样有利于塑料的流动和填充，防止塑料流动时产生反压。图 c、d 为分流道与浇口在宽度方向的连接形式，平滑过渡，无死角。

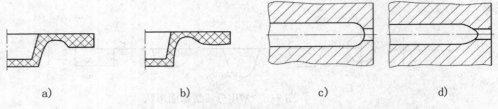

图 7-7　分流道与浇口连接

7.1.4 浇口的设计

浇口设计与塑料性能、塑件形状、截面尺寸、模具结构及注射工艺等因素有关。总的要求是使熔料以较快的速度注入并充满型腔，同时在充满后能适时冷却封闭，因此浇口截面要小，长度要短，这样可增大料流速度，快速冷却封闭，且便于塑件与浇道凝料分离，不留明显的去浇口痕迹，保证塑件外观质量。

1. 浇口位置的选择原则

（1）应避免熔体破裂而产生喷射和蠕动。浇口的截面尺寸如果较小，且正对宽度和厚度较大的型腔，则高速熔体因受较高的切应力，将产生喷射和蠕动等熔体破裂现象，在塑件上形成波纹状痕迹，或在高速下喷出高度定向的细丝或断裂物，造成塑件的缺陷或表面瑕疵。浇口应布置成冲击型浇口，即让进入浇口后的塑料熔体冲击到阻挡物，如型芯、型腔等，使塑料熔体稳定，减少喷射的几率。

（2）应有利于流动、排气和补料。当塑件壁厚相差较大时，在避免喷射的前提下，应把浇口开设在塑件截面最厚处，这样有利于补料。若塑件上有加强筋，则可利用加强筋作为流动通道。同时浇口位置应有利于排气，通常浇口位置应远离排气部位，否则进入型腔的熔体会过早封闭排气系统，致使型腔内气体不能顺利排出，而在塑件顶部形成气泡。

（3）应使流程最短，料流变向最少，并防止细长型芯变形。在保证良好填充条件的前提下，为减少流动能量的损失，应使塑料流程最短，料流变向最少。要防止浇口位置正对细长型芯，避免型芯变形、错位和折断。

（4）应有利于减少熔接痕和增加熔接强度。在流程不太长且无特殊需要时，一般不设多个浇口，以避免增加熔接痕的数量，但对底面积大而浅的壳体塑件，为减少内应力和翘曲变形可采用多点进料。对于轮辐式浇口可在料流熔接处的外侧开设冷料穴，使前锋冷料溢出，消除熔接痕。

（5）应考虑分子定向对塑件性能的影响。高分子通常在流动方向和拉伸方向产生定向，可利用高分子的这种定向现象改善塑件的某些性能。如为使聚丙烯铰链几千万次弯折而不断裂，需在铰链处高度定向。因此，可将浇口开设正对铰链的位置，使之在流动方向产生定向，脱模后又立即弯折几次，使之在拉伸方向再产生定向，这样大大提高了铰链的寿命。

（6）应尽量开设在不影响塑件外观的部位。浇口位置总会留下去浇口痕迹，故浇口位置应尽量开在不影响塑件外观的部位，如塑件的边缘、底部和内侧。特别是对外观质量要求高的塑件，更要考虑浇口的位置。

（7）应满足熔体流动比。确定大型塑件的浇口位置时，应考虑塑料所允许的最大流动距离比。最大流动距离比是指熔体在型腔内流动的最大长度 L 与流道厚度 t 之比。

2. 浇口类型

浇口的类型很多，设计人员应根据原料、制品结构、分型面等具体情况选择最适于成型制品的浇口。

（1）直接浇口：又叫中心浇口、直浇口、大浇口，其结构形式如图 7-8 所示。直接浇口的特点是熔体流程短，进料速度快，成型效果好，且模具结构简单，易于制造。但成型后去除浇口较困难，去浇口痕迹明显。直接浇口主要用于成型大型、深腔、壁厚的壳体、箱型塑件，也适于成型热敏性及高粘度材料的塑件。

图 7-8　直接浇口

（2）点浇口：又叫橄榄形浇口或菱形浇口，是截面尺寸很小的圆形截面浇口，是应用较广泛的一种小浇口，其结构和尺寸如图 7-9 所示。

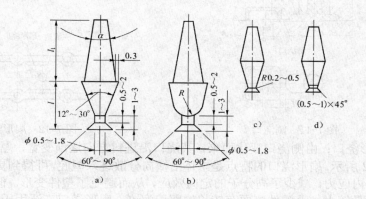

图 7-9　点浇口结构和尺寸

点浇口的特点是浇口位置可根据工艺要求灵活地确定，浇口附近塑件变形小，去浇口容易，可自动拉断，有利于自动化操作。多型腔时采用点浇口容易平衡浇注系统。但压力损失大，需提高注射压力，易造成分子高度定向，增加局部应力。点浇口常用于三板式双分型面注射模和两板式热流道注射模，但模具结构复杂，适于成型投影面积大或易变形的塑件。点浇口适于成型低粘度塑料及粘度对剪切速率敏感的塑料，如 PE、PP、ABS 等。

（3）潜伏式浇口：又叫隧道式浇口，由点浇口变化而来，其结构如图 7-10 所示。

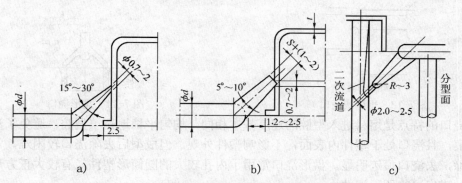

图 7-10　潜伏式浇口的结构和尺寸

潜伏式浇口的特点保持了点浇口的优点，克服了模具结构复杂的缺点。浇口位置一般选在塑件侧面较隐蔽处，分流道设置在分型面上，而浇口像隧道一样潜入到分型面下面的定模板上或动模板上，使熔体沿斜向注入型腔。浇口在模具开模时自动切断，不需进行浇口处理，但在塑件侧面留有浇口痕迹。潜伏式浇口常用于多型腔两板式注射模，适用于一侧进料的塑件或外观质量要求较高的塑件。

（4）侧浇口：又叫边缘浇口、矩形浇口，从塑件侧边缘进料，是应用最广泛的一种浇口，其截面形状一般加工成矩形，如图 7-11 所示。

侧浇口的特点是截面形状简单，加工方便，去浇口容易，易于调整浇口尺寸，控制剪切速率和浇口封闭时间。但压力损失较大，保压补缩比直接浇口小。侧浇口特别适用于多型腔两板式注射模，适于断面尺寸较小的塑件。

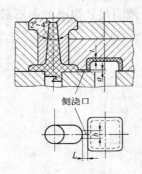

图 7-11　侧浇口

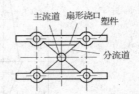

图 7-12　扇形浇口

（5）扇形浇口：由侧浇口变化而来，其浇口沿进料方向逐渐变宽，厚度逐渐变薄，其结构如图 7-12 所示。扇形浇口的特点是熔体沿横向分散进入型腔，可得到更加均匀的分配，降低了塑件的内应力，减少了高分子的定向效应，从而避免了塑件变形。但由于浇口很宽，去浇口的工作量较大，沿塑件侧面有较长的剪切痕迹。扇形浇口广泛用于多型腔注射模，适于成型长条、薄片状塑件。

（6）平缝式浇口：又叫薄片式浇口，由侧浇口变化而来。通常，其浇口的长度与塑件的宽度相等，结构如图 7-13 所示。

平缝式浇口的特点是熔体进料均匀，减少了高分子定向，避免了塑件变形，但去浇口困难。平缝式浇口特别适于成型面积较大的扁平塑件。

（7）盘形浇口：直接浇口的变异形式，熔体从中心以环形方式均匀进料，如图 7-14 所示。

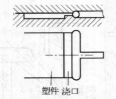

图 7-13　平缝式浇口

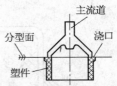

图 7-14　盘形浇口

盘形浇口的特点是熔料进入型腔的速度基本相同，均匀平稳地充填型腔，避免了塑件产生熔接痕，且浇口处于塑件内表面，不影响塑件外观。但成型后去除浇口较困难，常用冲切法切除，去浇口痕迹明显。盘形浇口常用于内孔较大的圆筒形塑件，有较大正方形内孔的塑件，或扁平的环形塑件。

（8）环形浇口：与盘形浇口相似，只是浇口设置在型腔的外侧，如图 7-15 所示。

环形浇口的特点是熔料在整个圆周上可取得大致相同的流速，均匀平稳地充填型腔，塑件的内应力较小，变形小。但由于浇口在塑件外表面，去浇口较困难，常用车削和冲切法去除浇口。环形浇口常用于成型薄壁的圆筒形塑件。

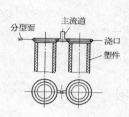
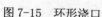

图 7-15　环形浇口

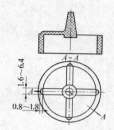

图 7-16　轮辐式浇口

（9）轮辐式浇口：由盘式浇口变化而来，它将盘式浇口的整个圆周进料改为几小段圆弧进料，如图 7-16 所示。

轮辐式浇口的特点是浇口料较少，去除浇口方便，但增加了熔接痕的数量，对塑件强度有一定影响。轮辐式浇口常用于成型圆筒形塑件。

（10）爪形浇口：由轮辐式浇口变化而来，它将轮辐式浇口几小段圆弧进料改为几个点进料，如图 7-17 所示。

爪形浇口的特点是在型芯头部开设流道，分流道与浇口不在同一平面内，型芯顶端伸入定模内起定位作用，保证了同轴度。浇口料较少，去除浇口方便，但增加了熔接痕，对塑件强度有一定影响。爪形浇口常用于成型内腔较小的长管形塑件和同轴度要求较高的塑件。

（11）护耳式浇口：又叫分接式浇口、调整式浇口，它在型腔侧面开设耳槽，熔体通过浇口冲击耳槽，而后进入型腔，可防止产生喷射，是典型的冲击性浇口，其结构如图 7-18 所示。护耳式浇口的特点是熔体流动平稳，流动性能好，塑件的内应力小，但成型后增加了去除耳槽余料的工序。护耳式浇口适于成型热稳定性差、粘度高的塑料。

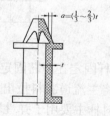

图 7-17　爪形浇口

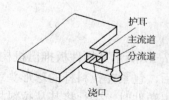

图 7-18　护耳式浇口

7.1.5　冷料穴的设计

冷料穴除了有储存注射间隙产生的前锋冷料外，还兼有开模时将主流道凝料从浇口套中拉出来并滞留在动模的一侧的作用，故其底部常设计成曲折的钩形或凹槽，冷料穴常见结构有以下两种。

1.　底部无拉料杆的冷料穴

底部无拉料杆的冷料穴如图 7-19 所示，在主流道末端开设锥形凹坑，在凹坑锥壁上垂直钻一深度不大的小盲孔，开模时靠小盲孔内塑料的粘附作用将主流道凝料从定模中拉出，脱模时推杆顶在塑件或分流道上，穴内冷料先沿小盲孔轴线移动，然后全部脱出。为使冷料能沿斜向移动，分流道必须设计成 S 形或类似带有挠性的形状。

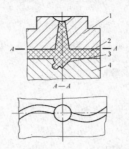

图 7-19　无拉料杆的冷料穴
1—定模板　2—分流道　3—冷料穴　4—动模板

2. 底部带拉料杆的冷料穴

冷料穴的底部有一根拉料杆，拉料杆根据推出机构的不同，又可分为推杆推出机构用拉料杆和推件板推出机构用拉料杆。

图 7-20 所示是推杆推出机构采用的拉料杆，和推杆一起固定在推杆固定板上。图 a 所示是 Z 形拉料杆。图 b 所示是倒锥形冷料穴，平头拉料杆，拉料杆的作用类似于推杆。图 c 所示是菌形的冷料穴，平头拉料杆的作用也是强制将冷料穴里的凝料推出。

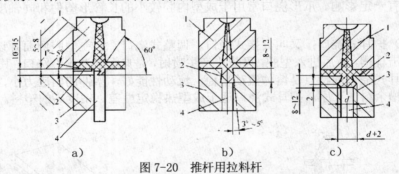

图 7-20　推杆用拉料杆

图 7-21 所示是推件板推出机构采用的拉料杆，拉料杆固定在型芯固定板上。塑料进入冷料穴后，包紧在拉料杆的球形头或菌形头上，开模时将主流道凝料拉出定模，然后靠推件板推出塑件时，强行将其从拉料杆上刮下。这两种拉料杆主要用于弹性较好的塑料。

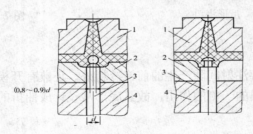

a) 球形头拉料杆　　　　b) 菌形头拉料杆

图 7-21　推件板用拉料杆
1—定模　2—推件板　3—拉料杆　4—型芯固定板

7.2 模具排气系统设计

注塑模的排气是模具设计中不可忽视的一个问题，特别是快速注塑成型工艺的发展对注塑模排气的要求更加严格。

7.2.1 排气系统的作用

注射模内的气体有以下几个来源：
- 进料系统和型腔中存有的空气。
- 塑料含有的水分在注射温度下蒸发而产生的水蒸气。
- 由于注射温度过高，塑料分解所产生的气体。
- 塑料中某些配合剂挥发或化学反应所生成的气体，如热固性塑料成型时，常常由于化学反应生成气体。
- 在排气不良的模具中，气体经受很大的压缩作用而产生反压力，这种反压力阻止熔融塑料的正常快速充模。而且，气体压缩所产生的热也能使塑料烧焦。在充模速度大、温度高、物料粘度低、注射压力大和塑件过厚的情况下，气体在一定的压缩程度下能渗入塑料内部，造成气孔、组织疏松、空洞等缺陷。设计排气系统，就是为了及时将气体排出模外，避免因气体产生各种质量缺陷。

7.2.2 排气形式

1. 利用分型面排气

对于小型模具可利用分型面排气，如图 7-22 所示，分型面应位于塑料熔体流动的末端。

2. 利用间隙排气

利用推杆或型芯和模板的配合间隙排气，如图 7-23 所示。在不发生溢料的前提下，可有意增加推杆或型芯与模板的间隙。对于组合式的型腔或型芯也可利用其拼合的缝隙排气。

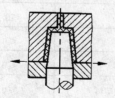

图 7-22 分型面排气

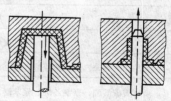

图 7-23 利用间隙排气

3. 利用专门的排气装置排气

（1）粉末烧结合金块：用小颗粒合金烧结而成的材料，质地疏松，有透气性，允许气体通过。在需排气部位放置一块这样的合金就能达到排气效果，如图 7-24 所示。但其底部通气孔直径 D 不宜太大，以保证底部支撑有足够的面积。

（2）排气杆：在模具封闭气体的部位，可设置排气杆，如图 7-25 所示。这种方法排气效果好，但会在塑件上留下杆的痕迹。沿排气杆周边设 2～4 个沟槽，$b=3～5$mm，$a=0.2$mm。再开设若干个沟槽接至外壁，$h=0.5$mm。

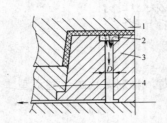

图 7-24 粉末烧结合金块排气

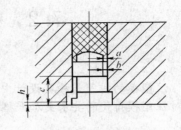

图 7-25 排气杆

1—型腔板 2—合金块 3—型芯 4—型芯固定板

（3）排气槽：对于成型时容易产生气体的塑料熔体，或采用快速注射成型工艺时，常要在分型面上开设排气槽排气，其形式和尺寸如图 7-26 所示，图 a 是在离型腔约 5~8mm 处做成燕尾式排气槽，图 b 是为了防止排气槽正对操作人员发生事故所采用的改进形式。

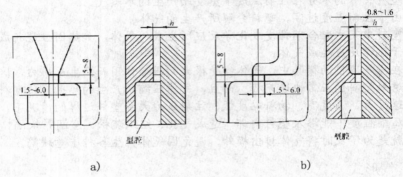

a)   b)

图 7-26 排气槽

排气槽位置和大小的选定，主要依靠经验。通常将排气槽开在分型面上，经过试模后再修改或增加，保证排气的迅速、完全，并且排气速度要与充模速度相适应。根据经验，常用塑料的排气槽深度的取值可参考表 7-1。

表 7-1 常用塑料排气槽深度   （单位：mm）

模塑材料	排气槽深度
尼龙类	≤0.015
聚烯烃塑料	≤0.02
聚苯乙烯、聚甲醛、增强尼龙、ABS、AS、SAN、PBT、PET	≤0.03
聚碳酸酯、聚氯乙烯、聚苯醚、聚砜、丙烯酸塑料、其他增强塑料	≤0.04

7.3 Creo 浇注系统设计

浇注系统在 Creo 中由组件级的模具特征构成，接下来介绍如何通过 UDF（自定义）特征来定制和加快创建浇注系统。流道特征的创建既可以在成型零件设计阶段中（模具设计模式）完成，也可以在模具模架设计模式中进行。

7.3.1 在成型零件设计阶段创建流道特征

使用流道特征可以快速地创建流道（包括主流道和分流道）。通常，主流道一般设计在浇口衬套中，属于模具标准件。

而分流道需要用户定义。分流到一般创建在成型零件中的型芯或型腔零件上，所以设计分流道将在模具设计模式中进行。

在模具设计模式中，当完成模具元件的设计后，可以在【模具】选项卡的【生产特征】面板中单击【流道】按钮✕，打开【流道】对话框和【形状】菜单管理器，如图 7-27 所示。

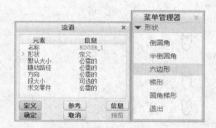

图 7-27 创建流道组件特征执行的菜单命令

要想成功创建流道特征，必须完成【流道】对话框中【信息】列表下标明为"必需的"的元素。

1. 确定流道形状

从【形状】菜单管理器中可以看出，Creo 提供了 5 种形状的流道截面特征，具体形状如图 7-28 所示。从料流及填充效果来看，使用圆形和梯形的流道最佳。

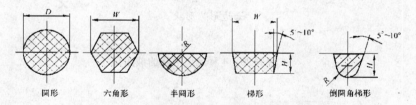

图 7-28 5 种形状的流道截面

2. 流道尺寸

当用户在【形状】菜单管理器中选择了流道形状后，除"半倒圆角"形状无须指定尺寸外，其余形状均要提前确定流道截面尺寸，图 7-29 所示为 4 种流道形状的形状尺寸。

对于"半倒圆角"流道的尺寸，则由"倒圆角"形状尺寸决定，即创建"倒圆角"形状流道时尺寸有多大，则"半倒圆角"形状的尺寸就有多大。默认情况下，倒圆角形状的尺寸为直径 5mm。

3. 流道路径

所谓"流道路径"就是流道在平面或曲面中的外形曲线。流道路径由型腔布局的模腔数目和浇口类型来确定。这里先介绍平面中的流道路径。

（1）平面中的流道路径。当选择了流道形状并确定流道截面的尺寸后，菜单管理器中显示【流道】及【设置草绘平面】选项，如图 7-30 所示。

通过菜单管理器可以草绘流道路径，也可以选择事先绘制的曲线作为路径。当然，对于曲面上的路径多使用"选择流道"方式。草绘平面可以是先前定义的草图基准平面，也可以随后选择新的平面（此平面可以是零件中的平面或者基准平面），如图 7-31 所示。

选择草绘平面后还需指定草绘的视图方向，一般选默认方向。

图 7-29　4 种流道形状的截面尺寸

图 7-30　菜单管理器

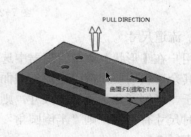

图 7-31　选择草绘平面

（2）曲面中的流道路径。对于曲面中的流道路径，一般采用先在平面上绘制曲线，然后将其投影到曲面上的办法，如图 7-32 所示。

4．指定相交零件

当绘制了流道路径曲线后退出草绘模式时，会弹出【相交元件】对话框，如图 7-33 所示。通过此对话框，找出于流道相交的模具元件，如型芯、型腔或其他成型小镶件等。

190

所谓与流道相交，实际意义指要将流道创建在某个模具元件上。选择相交元件的方法可以是手动选择（单击【选择】按钮 ），也可以是自动选择（单击【自动添加】按钮 **自动添加** ）。手动选择主要是在图形区中选择，此外还可以在模型树中进行，如图 7-34 所示。

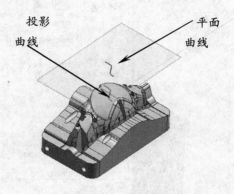

图 7-32　投影平面曲线

图 7-33　【相交元件】对话框

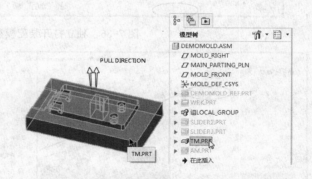

图 7-34　在图形区选择元件或在模型树中选择元件

选择了与流道相交的元件后，单击【相交元件】对话框的【确定】按钮，即完成了流道的元素定义。

7.3.2 在模架设计环境中创建流道特征

如果没有在设计成型零件的过程中创建流道特征，则也可以在模架设计模式中创建流道特征。如果同时在型腔和型芯中创建流道特征（即相交元件为型芯和型腔），需从模型树单独打开要创建流道特征的装配组件（成型零件），然后在打开的新窗口中完成创建操作，如图 7-35 所示。

重点　其实，打开的新窗口就是模具设计环境窗口。

同理，如果相交元件仅仅是型芯或者是型腔，则从模型树单独打开该模具元件，同样可以在新窗口中创建流道特征，如图 7-36 所示。

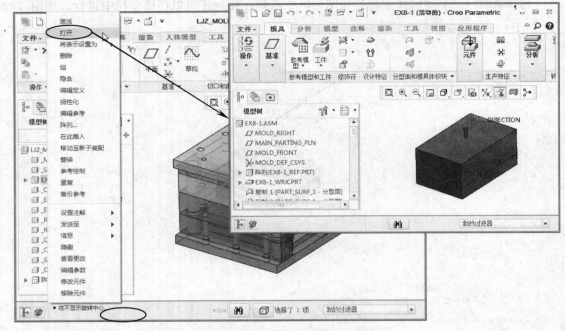

图 7-35　独立打开装配模型来创建流道特征

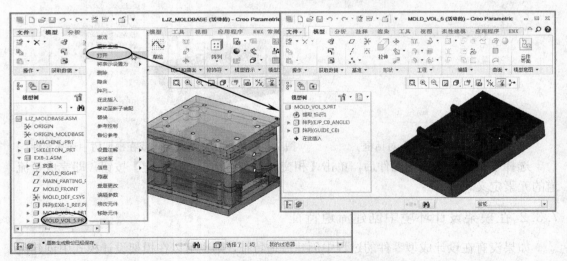

图 7-36　打开模具元件来创建流道特征

 **重点**　　打开模具元件（型腔或型芯元件）窗口，实则是打开零件设计环境窗口。因此进入新窗口中后，需要在【应用程序】选项卡中单击【模具/铸造】按钮 ⬡，然后进入模具设计环境来创建元件的流道特征。

7.3.3 在 EMX 中加载浇注系统组件

使用 EMX 创建模具模架后，在【EMX 常规】选项卡的【模架】面板中单击【装配定义】按钮，通过弹出的【模架定义】对话框来加载所需的定位环和浇口套（主流道衬套），如图 7-37 所示。

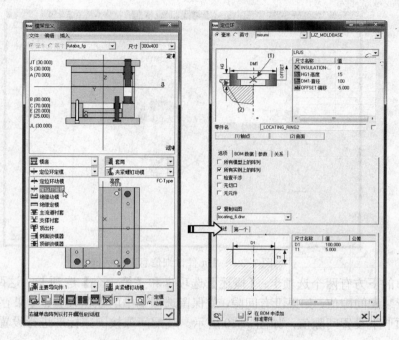

图 7-37　在 EMX 中加载浇注系统组件

也可以在【EMX 工具】选项卡的【设备】面板中单击【定位环】按钮，直接打开【定位环】对话框。

1. 定位环

定位环的含义及用途在前面已经详细介绍过。本节中主要介绍 EMX 定位环的功能与加载方法。在【定位环】窗口中，EMX 系统提供了多种类型的定位环，如图 7-38 所示。

图 7-38　定位环类型

如果要详细查看某种定位环的详细图像，可以在窗口的左下角单击【显示详细图像】按钮，会打开【元件详细信息】对话框，以便查看此定位环的详细情况，如图 7-39 所示。通过此对话框，可以在"值"列表中双击数值进行编辑，完成后单击【关闭】对话框按钮即可。

设置定位环的参数后，可在【选项】选项卡下设置定位环的装配选项：
- 所有模型上的阵列：如果是多浇注系统设计，如双色模具，可以勾选此复选框，这样就可以同时加载多个定位环组件。

- 所有实例上的阵列：勾选此复选框，将在所指定的对象零件中加载组件。
- 检查干涉：勾选此选项，在加载组件过程中将检查组件与模架之间的干涉。由此可以判定组件是否按要求进行加载。
- 无切口：勾选此复选框，加载组件后将不会自动生成组件在模架中的切口。
- 无元件：勾选此复选框，加载组件后将不会显示元件。

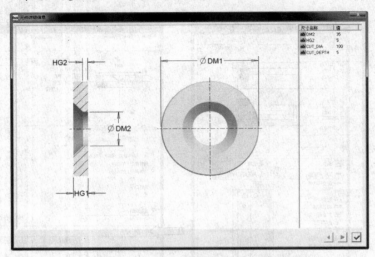

图 7-39　【元件详细信息】对话框

在窗口的下方有两个选项卡：【概述】选项卡和【第一个】选项卡。这两个选项卡主要用来设置装配间隙值，如果没有间隙，就保留选项卡中的默认设置；如果存在装配间隙，则需在选项卡下设置间隙值，如图 7-40 所示。装配间隙按国家标准进行设置。

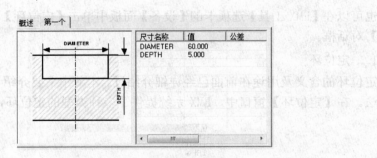

图 7-40　装配间隙的设定

在所有参数及选项设置完成后，就可以进行组件的装配操作了。装配组件需满足窗口中提供的装配约束条件，如图 7-41 所示。

图 7-41　装配约束条件

- 轴点：为定位环标准件在模架中的定位点。一般为成型零件上冷料穴的轴线上一点。如果是单点进浇的浇口设计，其浇口的旋转轴也可以作为轴点约束。
- 曲面：定位环标准件所在的平面，一般为上模座板。

194

2. 浇口套（主流道衬套）

浇口套的参数设置与加载的方法与定位环是相同的，打开的【主流道衬套】窗口如图7-42 所示。

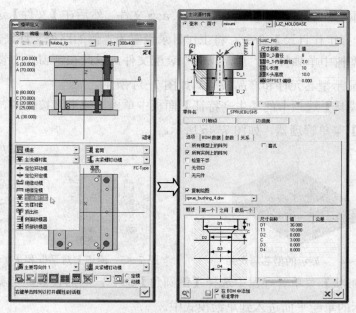

图 7-42　打开【主流道衬套】窗口

7.4　动手操练

本章前面详细介绍了浇注系统的基础理论及一般的设计方法。下面用实例的操作来说明 Creo 的设计过程与技巧。

电器盒盖模具的浇注系统设计。电器盒盖模具为单模腔模具，进胶方式为中心侧面进胶，模架结构为典型的二板模。电器盒盖模型及载入的模架如图 7-43 所示。模具的系统与机构设计包括浇注系统设计、冷却系统设计和顶出系统设计。

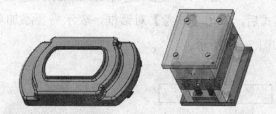

图 7-43　电器盒盖模型与模架

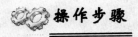

195

1. 分流道设计

从产品的结构看，产品中间有个大孔，分流道可以设计在此处。由于产品形状呈对称，为了使填充平衡，将设计为多点进浇，分流道形状为 S 型。

01 打开本例光盘文件 hegai_moldbase.asm 文件。然后在【文件】选项卡中执行【管理会话】|【选择工作目录】命令，将工作目录设置为本例的路径文件夹。

02 在模型树中单独打开"盒盖.ASM"装配文件，以此在新窗口中设计流道特征。在新窗口中仅仅显示型芯元件和产品模型，如图 7-44 所示。

03 在【模具】选项卡的【生产特征】面板中单击【流道】按钮✕，弹出【流道】对话框和【形状】菜单管理器，如图 7-45 所示。

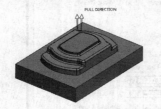

图 7-44　显示的型芯与产品　　　　图 7-45　【流道】对话框和【形状】菜单管理器

04 在【形状】菜单管理器中选择【倒圆角】命令，然后设置流道截面尺寸，并选择如图 7-46 所示的草绘平面进入到草绘模式中。

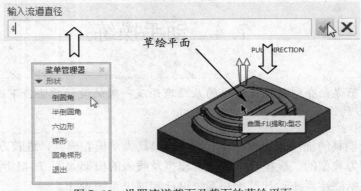

图 7-46　设置流道截面及截面的草绘平面

05 进入草绘模式后，弹出【参考】对话框，表示需要添加草绘参考。在此选择模具坐标系作为参考，如图 7-47 所示。

图 7-47　添加草绘参考

06 利用"线"、"圆弧"、"删除段"工具，绘制如图 7-48 所示的流道路径曲线。

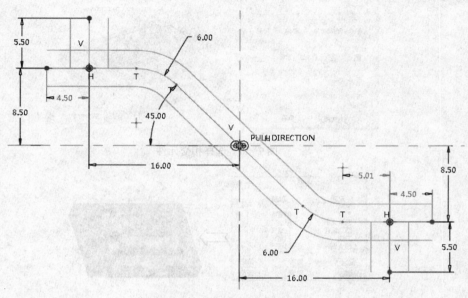

图 7-48 绘制流道路径

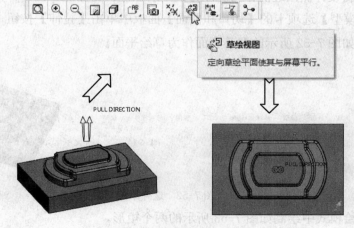

草绘视图
定向草绘平面使其与屏幕平行。

PULL DIRECTION

图 7-49 设置草绘视图

197

07 退出草绘模式。在打开的【相交元件】对话框中单击【选择要相交的元件】按钮，再在图形区选择型芯作为相交元件，如图7-50所示。

08 单击【相交元件】对话框的【确定】按钮关闭对话框，然后在【流道】对话框中单击【确定】按钮，完成流道特征的创建，如图7-51所示。

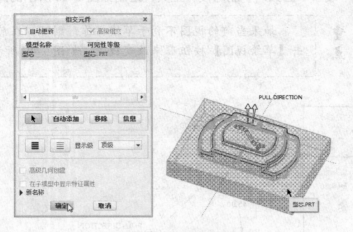

图 7-50　选择相交元件

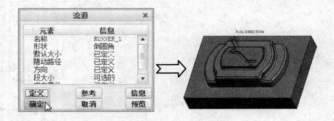

图 7-51　完成流道特征的创建

2. 设计浇口

本例模具将设计侧面进浇作为浇注方式，所以浇口为侧浇口。

01 在【模型】选项卡的【切口和曲面】面板中单击【拉伸】按钮，弹出拉伸操控板。然后选择如图7-52所示的型芯表面作为草绘平面。

图 7-52　选择草绘平面

02 在草绘模式中绘制如图7-53所示的两个矩形。

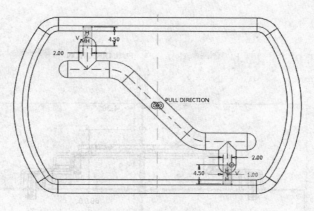

图 7-53　绘制矩形

03 完成草图后退出草绘模式。在拉伸操控板中设置拉伸高度为"1"，最后单击操控板上的【应用】按钮✓完成浇口的创建，如图 7-54 所示。

图 7-54　完成浇口的创建

3．设计冷料穴

冷料穴分两种：主流道衬套末端冷料穴、分流道末端冷料穴。分流道末端冷料穴已经创建完成，这里介绍主流道衬套末端冷料穴的设计。

01 在【模型】选项卡的【切口和曲面】面板中单击【旋转】按钮◈，弹出旋转操控板。然后选择如图 7-55 所示的 MOLD_FRONT 基准平面作为草绘平面。

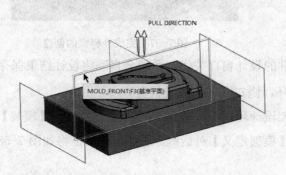

图 7-55　选择草绘平面

02 在草绘模式中绘制如图 7-56 所示的旋转截面。

重点　　要成功创建旋转特征，在草绘模式中必须绘制旋转中心线。如果没有绘制中心线，还可在退出草绘模式显示旋转操控板时指定坐标系中的 X、Y、Z 轴作为旋转中心线。

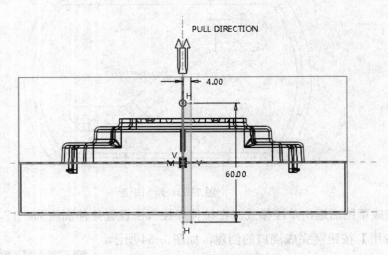

图 7-56 绘制旋转截面

03完成草图后退出草绘模式。在旋转操控板中单击【应用】按钮☑完成冷料穴的创建，如图 7-57 所示。

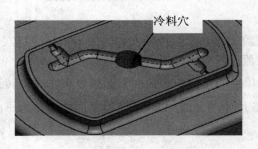

图 7-57 完成冷料穴的创建

04将成型零件的设计窗口关闭，系统会自动将设计结果保存在"盒盖.ASM"中。

4. 加载定位环、浇口套（主流道衬套）

01返回到模架设计环境中。在【EMX 常规】选项卡的【模架】面板中单击【装配定义】按钮▣，系统弹出【模架定义】对话框。通过该对话框将如图 7-58 所示设置的定位环标准件加载到模具中。

重点

> 返回到模架设计环境中需要将顶层部件 HEGAI_MOLDBASE 重新生成，即执行右键菜单中的【重新生成】命令。

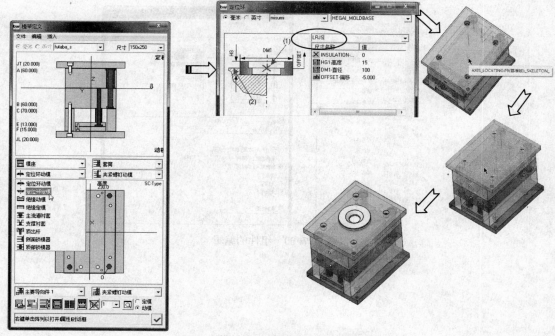

图 7-58　加载定位环标准件

 **重点**　　　在设置浇口套参数时，程序会自动搜索出轴点约束和曲面约束。当然轴线必须是存在的。

02 同理，再通过【模具定义】对话框，将设置的主流道衬套加载到模具中，如图 7-59 所示。

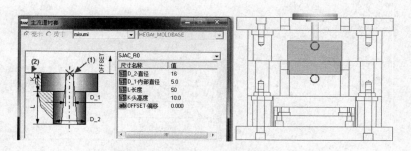

图 7-59　加载主流道衬套标准件

03 完成浇注系统组件加载后，关闭【模架定义】对话框。

 **重点**　　　当需要对加载的组件进行编辑时，可以在模型树中右键选中该组件，并执行右键菜单中的【修改元件】命令，重新打开定义对话框进行参数编辑，如图 7-60 所示。

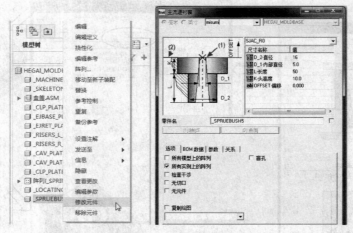

图 7-60　组件的编辑

第 8 章　侧向分型与抽芯机构设计方法

当塑件上有与开模方向不同的内外侧孔或侧凹时，塑件不能直接脱模，必须将成型侧孔或侧凹的零件做成可动的活动型芯，在塑件推出前先将活动型芯抽出，然后再从模腔中脱出塑件。带动活动型芯作侧向分型抽芯和复位的整个机构称为侧向分型与抽芯机构。本章主要介绍侧向抽芯机构的分类、抽芯距和抽拔力的计算及各类抽芯机构的设计。

学习目标：

- 侧向抽芯机构的分类
- 计算抽芯距和抽拔力
- 斜销侧向抽芯机构
- 弯销侧向抽芯机构
- 斜滑块分型抽芯机构
- 斜杆抽芯机构
- 齿轮齿条侧向抽芯机构
- 手动抽芯机构
- 液压气动抽芯机构
- MW 侧抽芯设计

8.1　侧向抽芯机构的分类

> 侧向分型抽芯机构主要用于完成侧型芯抽出和复位，使塑件能够顺利脱模。侧向分型抽芯机构按动力来源可分为手动、机动和液压或气动几种。

1.　手动抽芯

在推出塑件前或脱模后用手工方法将活动型芯取出。模具结构较简单，但生产效率低，劳动强度大，抽拔力有限，仅在特殊场合适用，如新产品试制、小批量塑件生产等。

2.　机动抽芯

机动抽芯是利用注射机的开模力，通过传动机构改变运动方向，将侧型芯抽出。机动抽芯机构的结构比较复杂，但抽芯不需人工操作，抽拔力较大，具有灵活、方便、生产效率高、容易实现自动化、无需另外添加设备等优点，在生产中被广泛采用。机动抽芯结构可分为弹簧、斜销、弯销、斜导槽、斜滑块、楔块、齿轮齿条等多种形式。

3.　液压或气动抽芯

与机动抽芯不同，液压或气压抽芯是通过一套专用的控制系统来控制活塞的运动，其抽芯动作可不受开模时间和推出时间的影响。一般注射机没有抽芯液压缸或气缸，需另行设计液压或气动传动机构及抽芯系统。液压传动比气压传动平稳，且可得到较大的抽拔力和较长的抽芯距离，但受模具结构和体积的限制，液压缸的尺寸往往不能太大。

8.2　计算抽芯距和抽拔力

> 抽芯距和抽拔力的大小是设计侧向分型抽芯机构的依据。在本节中将介绍有关抽芯机构的计算公式及计算方法。

8.2.1　抽芯距

抽芯距是指侧型芯从成型位置抽到不妨碍塑件脱模的位置所移动的距离。

$$S = S_1 + （2～3）$$

式中　S——设计抽芯距（mm）；

S_1——临界抽芯距（mm），即侧型芯或哈夫块抽到与塑件投影不重合时所移动的距离，一般为侧孔或侧凹的深度。

8.2.2　抽拔力

抽拔力是从与开模方向有一定夹角的方位抽出型芯或分开哈夫块所需克服的阻力。这个力的大小随塑件结构、几何尺寸、原料性能及模具结构而异。当原料确定时，抽拔力与模具结构和塑件形状密切相关，一般可分为以下几种情况。

（1）当侧孔为圆形或矩形通孔时

$$F_t = \frac{pA\,(f\cos\alpha - \sin\alpha)}{1 + f\sin\alpha\cos\alpha}$$

式中　p——塑件收缩时对型芯单位面积的正压力（MPa），一般取 8～12MPa;

　　　　A——塑件包紧型芯的侧面积（mm²）;

　　　　f——摩擦因数，一般取 0.1～0.2;

　　　　α——脱模斜角，一般取 1°～2°。

（2）当侧孔为圆形或矩形盲孔时盲孔抽芯时还需克服大气压力,因此抽芯力要大一些。

$$F_m = F_t + 0.1A'$$

式中　F_t——通孔抽芯力（N）;

　　　　——垂直于抽芯方向型芯的投影面积（mm²）。

8.3　斜销侧向抽芯机构设计

斜销侧向抽芯机构是机动抽芯机构中应用最广泛的一种，该机构具有结构简单、制造方便、安全可靠等特点。

8.3.1　工作原理

斜销侧向抽芯机构如图 8-1 所示，斜销 3 固定在定模板 4 上，侧型芯 1 由销钉 2 固定

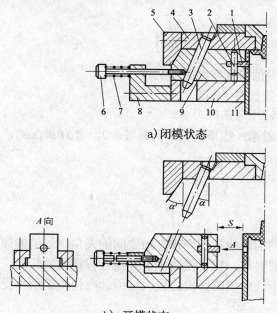

a) 闭模状态

b）开模状态

图 8-1　斜销侧向抽芯机构

1—侧型芯　2—销钉　3—斜销　4—定模板　5—楔紧块　6—螺钉　7—压紧弹簧　8—限位块

9—滑块　10—动模板　11—推管

在滑块 9 上，开模时，开模力通过斜销 3 迫使滑块 9 在动模板 10 的导滑槽内向左移动，完成抽芯动作。为了保证合模时斜销 3 能准确地进入滑块 9 的斜孔中，以便使滑块复位，机构上设有定位装置，依靠螺钉 6 和压紧弹簧 7 使滑块 9 退出后紧靠在限位块 8 上定位。机构上设有楔紧块 5，以保证滑块成型时的位置。塑件靠推管 11 推出型腔。

8.3.2 斜销

斜销是斜销侧向抽芯机构中的关键零件，其主要作用是使滑块正确地完成开闭动作，它决定了抽芯力和抽芯距的大小。

1. 斜销的形状

斜销截面形状如图 8-2 所示，常用的斜销的截面形状有圆形和矩形，圆形截面加工方便，易于装配，是应用最广泛的一种形式，其头部常做成球形或锥台形。矩形截面能承受较大的弯矩，虽加工较困难，装配不便，但在生产中仍有使用。

a) b)

图 8-2 斜销截面形状

2. 斜销的截面形状

（1）圆形截面的斜销

直径

$$d = \sqrt[3]{\frac{NL}{0.1[\sigma]}}$$

式中 N ——斜销所受的最大弯曲力（N）；
  ——斜销的有效长度（mm）；
  $[\sigma]$ ——斜销的许用弯曲应力（MPa）。

（2）矩形截面的斜销：如果截面高为 h （mm），宽为 b（mm），且 $b=2/3h$，则有

$$h = \sqrt[3]{\frac{9NL}{[\sigma]}}$$

3. 斜销的斜角

斜销斜角 α 是斜销的轴线与其开模方向之间的夹角。斜销的倾角 α 是决定斜销抽芯机构工作效果的一个重要参数，它不仅决定了开模行程和斜销长度，而且对斜销的受力状况有着重要的影响。由于注射模的开模力较大，因此应使斜销所承受的弯曲力最小。一般 α 不大于 25°，常取 15°～20°。

4. 斜销的长度

如图 8-3 所示，斜销有效工作长度 L 与倾角 α 的关系为

$L=S/\sin\alpha$

由上式可知，斜角α增大，开模行程及斜销有效工作长度均可减小，有利于减小模具的尺寸。但决定斜角的大小时，应从抽芯距、开模行程和斜销受力几个方面综合考虑。

确定了斜销斜角α、有效工作长度L和直径d后，便可按图8-4所示的几何关系计算斜销的总长度$L_总$了。

$$L_总 = L_1 + L_2 + L + L_4 = \frac{d_1}{2}\tan\alpha + \frac{\delta}{\cos\alpha} + \frac{s}{\sin\alpha} + （5\sim10）$$

式中　d_1——固定轴肩直径（mm）；

　　　α——斜销斜角（°）；

　　　——斜销固定板厚度（mm）；

　　　S——抽芯距（mm）。

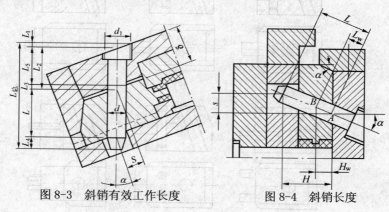

图 8-3　斜销有效工作长度　　　　图 8-4　斜销长度

8.3.3 楔紧块

楔紧块用于模具闭合后锁紧滑块，承受成型时塑料熔体对滑块的推力，避免斜销弯曲变形。开模时，要求楔紧块迅速让开，以免阻碍斜销驱动滑块抽芯，因此楔紧块的楔角α′应大于斜销的斜角α，一般取：　α′ = α + （2°～3°）。

如图 8-5 所示为常见几种楔紧块的结构形式。图 a 为整体式结构，这种结构牢固可靠，可承受较大的侧向力，但金属材料消耗大。图 b 采用螺钉与销钉固定的形式，结构简单，使用较广泛。图 c 利用 T 形槽固定楔紧块，销钉定位。图 d 采用楔紧块整体嵌入板的连接形式。图 e、图 f 采用两个楔紧块，以增强锁紧力，适于侧向力较大的场合。

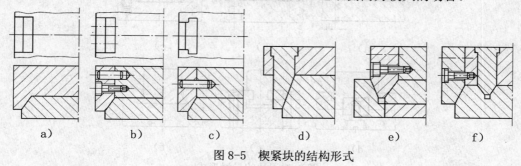

a)　　　　　b)　　　　　c)　　　　　d)　　　　　e)　　　　　f)

图 8-5　楔紧块的结构形式

8.3.4 滑块

滑块上装有侧型芯或成型镶件，在斜销驱动下，实现侧抽芯或侧向分型。滑块与侧型芯有整体式和组合式两种。整体式适于形状简单易于加工的场合。组合式的加工、维修和更换较方便，能节省优质钢材，故被广泛采用。

图 8-6 所示是几种常见的滑块与侧型芯的连接方式。对于尺寸较小的型芯，往往将型芯嵌入滑块部分，图 a 用销钉固定，图 b 用骑缝销固定，图 d 用螺钉顶紧。大尺寸型芯可用燕尾槽连接，如图 c 所示，薄片状型芯可嵌入通槽再用销固定，如图 e 所示。多个小型芯采用压板固定，如图 f 所示。滑块常用 45 钢或 T8、T10 制造，淬硬至 40HRC 以上，而型芯则要求用 CrWMn、T8、T10 或 45 钢制造，硬度在 50HRC 以上。

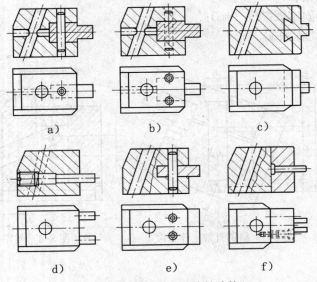

图 8-6　侧型芯与滑块的连接

8.3.5 导滑槽

常见的滑块与导滑槽的配合形式如图 8-7 所示。导滑槽应使滑块运动平衡可靠，二者

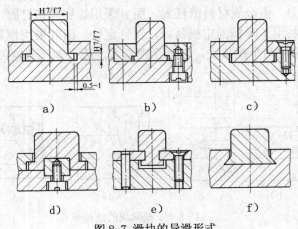

图 8-7　滑块的导滑形式

208

之间上下、左右各有一对平面配合，配合取 H7/f7，其余各面留有间隙。滑块的导滑部分应有足够的长度，避免运动中产生歪斜，一般导滑部分长度应大于滑块宽度的 2/3。有时为了不增大模具尺寸，可采用局部加长的措施来解决。导滑槽应有足够的耐磨性，由 T8、T10 或 45 钢制造，硬度在 50HRC 以上。

8.3.6 滑块的限位

模具开模后，斜销抽离滑块，此时滑块必须停留在一定的位置上，否则闭模时斜销不能准确地进入滑块，为此应设置滑块限位装置。

图 8-8 所示为常见的滑块限位装置。图 a 利用滑块自重靠在限位挡块上。图 b 利用弹簧使滑块停靠在限位挡块上限位，弹簧力应为滑块自重的 1.52 倍。图 c 利用弹簧销限位。图 d 利用弹簧钢球限位。图 e 利用埋在导滑槽内的弹簧和挡板与滑块的沟槽配合限位。

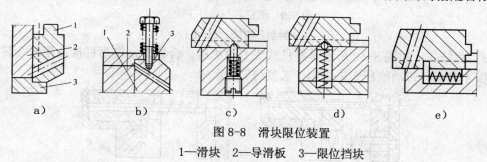

图 8-8 滑块限位装置

1—滑块 2—导滑板 3—限位挡块

8.3.7 先行复位机构

当侧型芯与推出机构发生了干涉现象时须采用先行复位机构，使推出机构先于侧型芯回位前复位。

1. 产生干涉的条件

对于斜销安装在定模，滑块安装在动模的斜销侧向抽芯结构，若采用推杆或推管推出，并由复位杆复位时，必须避免复位时侧型芯与推杆或推管发生干涉，如图 8-9 所示，当侧型芯与推杆在垂直于开模方向的投影出现重合部位 S' 时，滑块的复位会先于推杆的复位，致使侧型芯与推杆相撞而损坏。由图 b 可知，满足侧型芯与推杆不发生干涉的条件是：

$$h' \tan \alpha \geqslant S'$$

式中 h'——合模时，推杆端部到侧型芯的最短距离（mm）；

S'——在垂直于开模方向的平面内，侧型芯与推杆的重合长度（mm）。

一般，$h' \tan \alpha$ 只要比 S' 大 0.5mm 即可避免干涉。由上式可知，适当加大斜销的斜角 α 对避免干涉是有利的。若适当增加 α 角仍不能满足上式条件，则应采用推杆先行复位机构。

2. 先行复位机构

（1）弹簧式：图 8-10 所示是弹簧式先复位机构。在推杆固定板与动模板之间设置压缩弹簧，开模推出塑件时，弹簧被压缩，一旦开始合模，注射机推顶装置与推出机构脱离接触，依靠弹簧的回复力，推杆迅速复位。弹簧式推出机构结构简单，但可靠性较差，一般用于复位力不大的场合。

（2）楔形滑块式：如图 8-11 所示是楔形滑块式先复位机构。楔形杆 1 固定在定模上，合模时，在斜销驱动滑块动作之前，楔形杆 1 推动三角滑块 2 运动，同时三角滑块 2 又迫使推出板 3 后退带动推杆 4 复位。

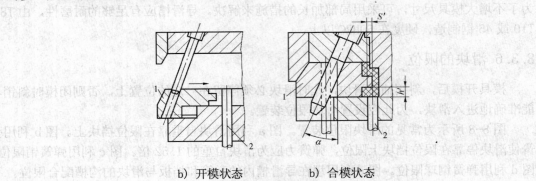

b) 开模状态   b) 合模状态

图 8-9 侧型芯与推杆干涉

1—侧型芯滑块 2—推杆

（3）摆杆式：如图 8-12 所示是摆杆式先复位机构。合模时，楔形杆推动摆杆 3 转动，使推出板 4 向下并带动推杆 5 先于侧型芯复位。

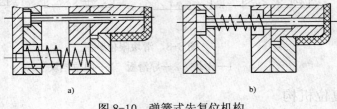

a)   b)

图 8-10 弹簧式先复位机构

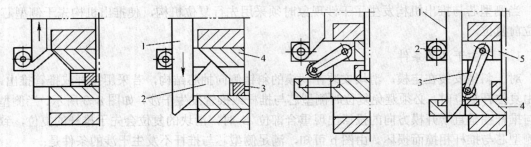

图 8-11 楔形滑块式先复位机构   图 8-12 摆杆式先复位机构

1—楔形杆 2—三角滑块 3—推出板 4—推杆 1—楔形杆 2—滚轮 3—摆杆 4—推出板 5—推杆

8.4 弯销侧向抽芯机构设计

弯销侧向抽芯机构是斜销侧向抽芯机构的一种变形，其工作原理与斜销侧向抽芯机构相同，其区别在于用弯销代替斜销。弯销常为矩形截面，抗弯强度较高，可采用较大的斜角，在开模距离相同的条件下，可获得较斜销大的抽芯距。必要时，弯销还可由不同斜角的几段组成。以小的斜角段获得较大的抽芯力，而以大的斜角段获得较大的抽芯距，从而可以根据需要控制抽芯力和抽芯距。

8.4.1 弯销外侧抽芯机构

弯销可设在模板外侧，如图 8-13 所示。设计弯销抽芯机构时应使弯销和滑块的间隙稍大一些，通常为 0.5mm 左右，以避免闭模时发生碰撞。

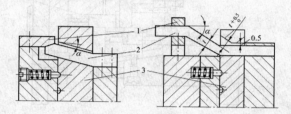

图 8-13 弯销外侧抽芯机构

1—楔紧块 2—弯销 3—滑块

8.4.2 弯销内侧抽芯机构

为使模板尺寸较小，可利用弯销进行内侧抽芯，如图 8-14 所示，开模时先从 I 面分型，弯销 2 带动侧向型芯滑块 3 完成内侧抽芯。

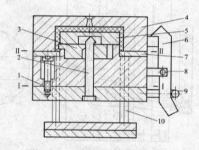

图 8-14 弯销内侧抽芯机构

1—限位螺钉 2—弯销 3—侧向型芯滑块 4—型腔板 5—型芯 6—摆钩 7—推出板

8—摆钩转轴 9—滚轮 10—推杆

8.5 斜滑块侧向抽芯机构

斜滑块分型抽芯机构适用于塑件侧孔或侧凹较浅，所需抽芯距不大但成型面积较大的场合，如周转箱、线圈骨架、螺纹等。由于结构简单、制造方便、动作可靠，故应用广泛。

8.5.1 斜滑块外侧抽芯机构

图 8-15 所示是斜滑块外侧抽芯机构。开模时，推杆 7 推动斜滑块 1 沿模套 6 上的导滑槽上的方向移动，在推动的同时向两侧分开，在使塑件脱离型芯 2 的同时完成侧向抽芯动作。导滑槽的方向与斜滑块的斜面平行，限位螺钉 5 的作用是防止斜滑块 1 从模套 6 中脱出。

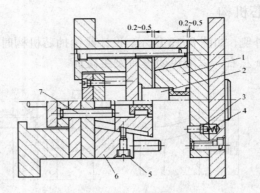

图 8-15　斜滑块外侧抽芯机构
1—斜滑块　2—型芯　3—止动钉　4—弹簧　5—限位螺钉　6—套模　7—推杆

8.5.2　斜滑块内侧抽芯机构

如图 8-16 所示是斜滑块内侧抽芯机构，成型带有直槽内螺纹的塑件。开模后，推杆固定板 1 推动推杆 5 并使滑块 3 沿型芯 2 的导滑槽移动，实现塑件推出和内侧分型与抽芯。

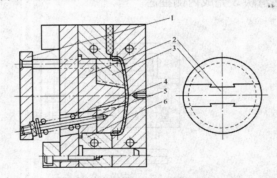

图 8-16　斜滑块内侧抽芯机构
1—推杆固定板　2—型芯　3—滑块　4—弹簧　5—推杆　6—动模板

8.5.3　斜滑块

斜滑块是斜滑块分型抽芯机构的主要工作零件。

1.　尺寸

斜滑块的斜角可以大些，但一般不超过 30°。斜滑块的推出高度不宜过大，一般不宜超过导滑槽长度的 2/3，否则推出塑件时斜滑块容易倾斜。为了防止斜滑块在开模时被带出模套，应设有限位螺钉。为保证斜滑块合模时拼合紧凑，不产生溢料，减少飞边，斜滑块底部与模套之间要留有 0.2～0.5mm 的间隙，如图 8-15 所示，同时还必须使斜滑块顶部高出模套 0.2～0.5mm，以保证当斜滑块与模套配合面磨损后，仍保持拼合紧密；内侧抽芯时，斜滑块的端面不应高于型芯端面，而应在零件允许的情况下，低

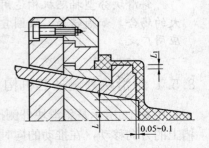

图 8-17　内斜滑块端面结构

212

于型芯 0.05~0.10mm，如图 8-17 所示。否则，由于斜滑块断面陷入塑件底部，在推出塑件时将阻碍斜滑块的径向移动。

2. 组合形式

图 8-18 所示为斜滑块常用组合形式，设计时应根据塑件外形、分型与抽芯方向合理组合，以满足塑件的外观质量要求，避免塑件有明显的拼合痕迹。同时，还应使组合部分有足够的强度，使模具结构简单，制造方便，工作可靠。

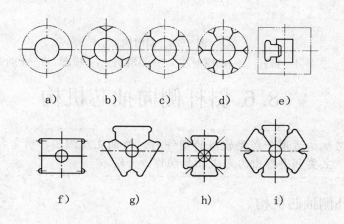

图 8-18 斜滑块的组合形式

3. 导滑形式

如图 8-19 所示，斜滑块的导滑形式按导滑部分的形状可分为 4 种类型：图 a 的矩形，图 b 的半圆形，图 c 的圆形，图 d 的燕尾形。矩形和半圆形制造简单，故应用广泛。而燕尾形加工较困难，但结构紧凑，可根据具体情况加工选用。斜滑块凸耳与导滑槽配合采用 IT9 级间隙配合。

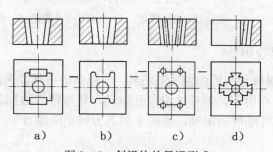

图 8-19 斜滑块的导滑形式

4. 斜滑块的止动

当塑件成型时对定模部分的包紧力大于动模部分时，开模后可能出现斜滑块随定模而张开的情况，导致塑件损坏或滞留在定模。为使塑件强制留在动模，需对斜滑块设止动装置，如图 8-20 所示，开模后止动销 5 在弹簧作用下压紧斜滑块 3 的端面，使其暂时不从模套 4 中脱出，阻挡塑件从定模脱出后，再由推杆 1 使斜滑块 3 侧向分型并推出塑件。

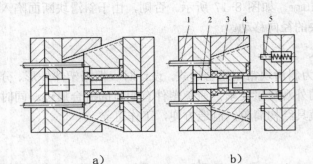

a)   b)

图 8-20　斜滑块止动结构

1—推杆　2—动模型芯　3—斜滑块　4—模套　5—止动销

8.6 斜杆侧向抽芯机构

斜杆抽芯机构适用于成型较浅的塑件内、外侧孔或侧凹，所需抽芯距和抽拔力均不大的情况，主要利用推出力完成侧抽动作。

8.6.1 斜杆外侧抽芯机构

图 8-21 所示是斜杆导滑的外侧抽芯机构。斜杆 3 是在推板 5 的驱动下，带动斜滑块 1 沿模套 2 的斜面方向运动，完成分型抽芯动作。滚轮 4 可减小推动过程中与推板 5 的滑动摩擦。

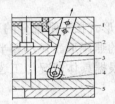

图 8-21　斜杆外侧抽芯机构

1—斜滑块　2—模套　3—斜杆　4—滚轮　5—推板

8.6.2 斜杆内侧抽芯机构

图 8-22 所示是斜杆导滑的内侧抽芯机构，斜杆 3 的头部即为成型滑块，型芯 1 上开有斜孔，在推出板 5 的作用下，斜杆 3 沿斜孔运动，使塑件一边抽芯，一边脱模。斜杆导滑的侧向抽芯机构受斜杆刚度的限制，多用于抽芯力较小的场合。

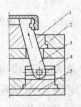

图 8-22　斜杆内侧抽芯机构

1—型芯　2—模套　3—斜杆　4—滑座　5—推出板

214

8.7 齿轮齿条侧向抽芯机构

齿轮齿条侧向抽芯机构可产生较大的抽芯距和抽拔力，除了能侧向分型抽芯外，还能完成弧形抽芯。

8.7.1 利用开模力实现齿轮齿条的斜向抽芯机构

图 8-23 所示是利用开模力实现齿轮齿条的斜向抽芯机构。塑件孔由齿条型芯 1 成型，固定在定模上，开模时，传动齿条 3 通过齿轮 2 带动齿条型芯 1 实现抽芯。开模到终点位置时，传动齿条 3 脱离齿轮 2。为防止再次合模时齿条型芯 1 不能回复原位，机构中设置了弹簧定位销 4，在开模运动结束时插入齿轮轴的定位槽中，以实现定位。

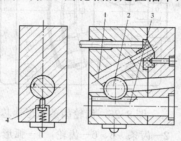

图 8-23　利用开模力的斜向抽芯机构
1—齿条型芯　2—齿轮　3—传动齿条　4—弹簧定位销

8.7.2 利用推出力实现齿轮齿条的斜向抽芯机构

图 8-24 所示是齿条固定在推板上的齿轮齿条侧向抽芯机构，利用推出力带动齿轮抽出型芯，然后大推板推动小推板，由小推板上的推杆推出塑件。合模过程中小推板由复位杆复位，压杆 4 的作用是使齿条 3 回复原位，通过齿轮 2 使齿条型芯 1 完全复位，并起锁紧作用。由于传动齿条 3 与齿轮 2 始终处于啮合状态，因此该齿条型芯无需定位。

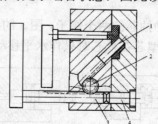

图 8-24　利用推出力的斜向抽芯机构
1—齿条型芯　2—齿轮　3—传动齿条　4—压杆

8.7.3 利用齿轮齿条抽芯机构实现弧形抽芯

齿轮齿条侧向抽芯机构除了可以实现直线抽芯外，还可以实现弧形抽芯，如图 8-25 所示，塑件为电话听筒手柄，利用开模力使固定在定模部分的齿条 2 拖动动模部分的齿轮

3。通过互成 90°的啮合斜齿轮转向后，由直齿轮 6 带动弧形齿条型芯 4 沿弧线抽出，该齿条在弧形滑槽内滑动，同时固定在定模上的斜销将滑块 5 抽出。塑件由推杆脱出。

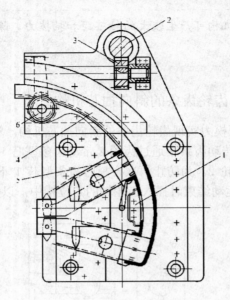

图 8-25　齿轮齿条弧形抽芯

1—成型镶件　2—齿条　3、6—齿轮　4—弧形齿条型芯　5—滑块

8.8　手动抽芯机构

手动侧向抽芯是在推出塑件前或脱模后，用手工方法将活动型芯取出。模具结构较简单，但生产效率低，劳动强度大；抽拔力有限，仅在特殊场合适用，如新产品试制、小批量塑件生产等。

8.8.1　开模前手动抽芯机构

图 8-26 所示为开模前手动抽芯的两个例子。图 a 的结构最简单，在推出塑件前，用扳手旋出活动型芯。图 b 的活动型芯在抽芯时只作水平移动，故适用于非圆形侧孔的抽芯。

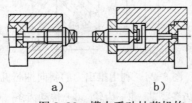

a)　　　　　　b)

图 8-26　模内手动抽芯机构

8.8.2　开模后手动抽芯机构

图 8-27 所示为脱模后用手工取出型芯或镶件的例子，取出的型芯或镶件再重新装回模具中。注意活动型芯或镶件的可靠定位。

216

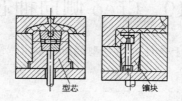

图 8-27　模外取出型芯或镶件

8.9 液压气动抽芯机构

液压气动抽芯机构是在推出塑件前或脱模后，用液压或气动驱动的方式带动侧型芯的抽出与复位。

8.9.1 液压抽芯机构

液压抽芯是利用液压推动液压缸的活塞杆抽出同轴的侧型芯的，图 8-28 所示为液压抽芯机构，它带有锁紧装置，侧向型芯设在动模一侧。成型时，侧向活动型芯由定模上的楔紧块锁紧，开模时楔紧块离去，由液压抽芯系统抽出侧向活动型芯，然后再推出塑件，推出机构复位后，侧向型芯再复位。

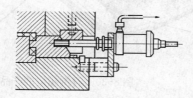

图 8-28　液压抽芯机构

8.9.2 气动抽芯机构

气动抽芯是利用气压推动气压缸的活塞杆抽出同轴的侧型芯的，图 8-29 所示为气动抽芯机构，图示的结构中没有锁紧装置，这在侧孔为通孔或者活动型芯仅承受很小的侧向压力时是允许的，因为气缸压力尚能使侧向的活动型芯锁紧不动，否则应考虑设置活动型芯的锁紧装置。

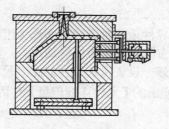

图 8-29　气动抽芯机构

8.10 Creo侧向抽芯设计

EMX向用户提供了用于制件侧向分型的抽芯机构-滑块机构。本节介绍Creo滑块设计和EMX的滑块机构设计。

8.10.1 Creo滑块设计

本产品中外有侧凹特征、内有倒扣特征的情况下，可以在设计成型零件时将抽芯滑块的头部（也是成型零件的一种）分割出来。所用的方法与分割型芯和型腔是相同的。

如图8-30所示的产品，内部有5个倒扣位，其中有两个倒扣位可以从型腔侧插入镶件，其余3个倒扣位很明显只能做侧向分型机构。

拆滑块或拆镶件的过程在前面已经介绍过，这里就不重复介绍了。

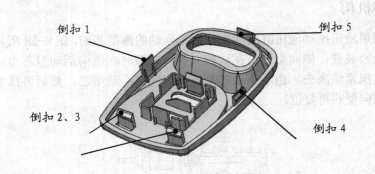

图8-30 有倒扣位的产品

8.10.2 EMX滑块机构

在【EMX常规】选项卡的【功能单位】面板中单击【滑块】按钮，或者在【EMX工具】选项卡的【滑块】面板上单击【定义滑块】按钮，系统弹出【滑块】窗口，如图8-31所示。

通过此窗口，用户需要确定三个组件约束才可加载滑块标准件：

坐标系：此坐标系用来定位滑块标准件。

此参考坐标系并非仅仅是选择参考坐标系这么简单，而是必须要重新创建一个参考坐标系，并且要将坐标系定位在滑块头尾端的中点。

平面斜导柱：选择与斜导柱顶端对齐的平面作为组件约束。该平面应为上模座板底面。

分割平面：可选择模具主分型面作为组件约束。

除了可以在参数列表中逐一设置滑块组件的主要尺寸外，用户还可通过单击窗口下方【显示详细图形】按钮，并在弹出的【元件详细信息】对话框中选择单个组件来设置详细的尺寸，如图8-32所示。

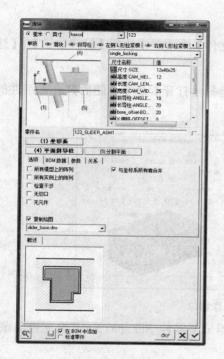

图 8-31 【滑块】窗口

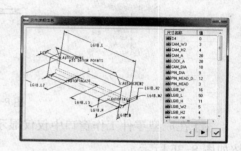

图 8-32 【元件详细信息】对话框

8.11 动手操练

本章前面主要学习了模具各种抽芯机构设计的相关基础知识，下面就对遥控器前盖侧向分型机构设计实例进行讲解。

遥控器前盖为一塑料制件，结构较简单，但是有一面必须做成滑块机构，零件材料为PC+ABS。遥控器前盖成型零件与产品模型如图 8-33 所示。

遥控器前盖侧向分型机构的大致设计过程是：首先分割出滑块头，然后加载侧向分型机构（EMX 滑块标准件）。

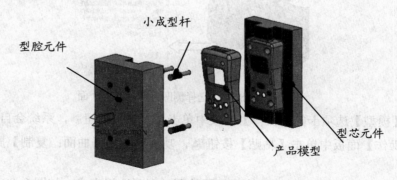

图 8-33 遥控器前盖的成型零件与产品模型

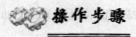
操作步骤

1. 分割滑块头

01 打开本例实例文件 YGQ_MOLDBASE.ASM。然后在【文件】选项卡中执行【管理会话】|【选择工作目录】命令，将工作目录设置为本例的路径文件夹。

02 在模型树中选中"遥控器成型零件.ASM"并右键选择【打开】命令，随后打开该组件的工作窗口，如图 8-34 所示。

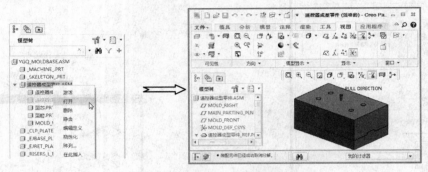

图 8-34　打开成型零件工作窗口

03 在成型零件工作窗口中仅仅显示产品模型（遥控器成型零件_REF.PRT），其余元件隐藏。按如图 8-35 所示。

图 8-35　显示产品模型

04 在产品侧凹处按下右键并轻微滑动，弹出右键菜单。在不松开右键的情况下然后执行【从列表中拾取】命令并打开【从列表中拾取】对话框，如图 8-36 所示。

图 8-36　选择侧凹特征处的一个面

05 在【模型】选项卡的【操作】面板中单击【复制】按钮 ，系统会自动复制选择的面。接着再在【操作】面板中单击【粘贴】按钮 ，功能区弹出【曲面：复制】操控板，如图 8-37 所示。

06 按住 Ctrl 键依次选择侧凹特征位置的面，直至选择完成，如图 8-38 所示。

07 要复制的曲面选择完成后单击操控板中的【应用】按钮 ，完成侧凹特征位置的曲面复制，结果如图 8-39 所示。

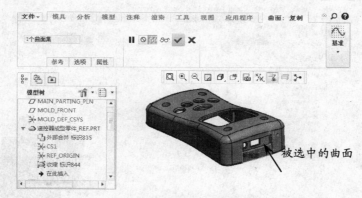

图 8-37 【曲面：复制】操控板

图 8-38 选择完成的面

图 8-39 复制完成的面

08 同理，在模型内部选择侧孔所在位置的面进行复制、粘贴，如图 8-40 所示。

图 8-40 选择内部侧孔面

09 在复制内部面的操控板中进行如图 8-41 所示的设置。

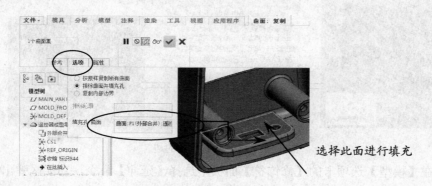

图 8-41 设置复制操控板

10 按住 Ctrl 键选择此前复制的两个面，然后在【模型】选项卡的【修饰符】面板中选择【合并】命令，如图 8-42 所示。

11 在弹出的【合并】操控板中单击【更改】按钮，更改合并方向，然后单击【应用】按

221

钮✓完成合并。结果如图 8-43 所示。

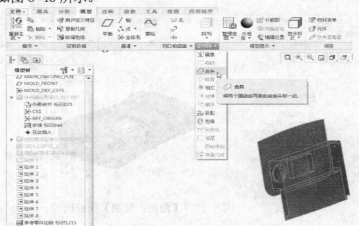

图 8-42　选择两个复制面并执行【合并】命令

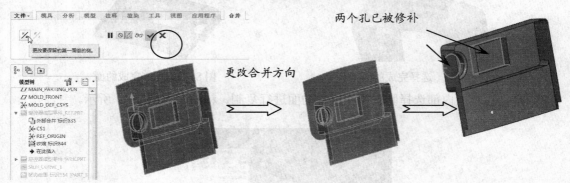

图 8-43　合并复制的曲面

12 在模型树中将隐藏的工件显示（取消隐藏）。然后通过【从列表中拾取】对话框来拾取合并曲面的边，如图 8-44 所示。

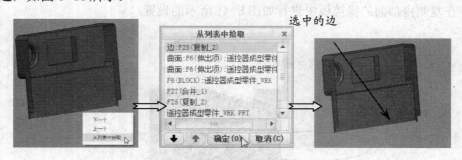

图 8-44　拾取合并曲面的边

13 拾取后在【模型】选项卡的【修饰符】面板中选择【延伸】命令，功能区弹出【延伸】操控板。然后按住 Shift 键依次选取合并曲面中的其他边，如图 8-45 所示。

14 在操控板中单击【将曲面延伸到参考平面】按钮 ，然后选择工件的一侧作为延伸参考平面，如图 8-46 所示。再单击操控板中的【应用】按钮✓，完成合并曲面边的延伸，结果如图 8-47 所示。

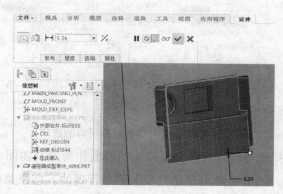

图 8-45 依次选取合并曲面中的其他边

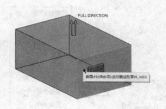

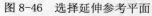

图 8-46 选择延伸参考平面

图 8-47 延伸曲面边的效果

15 隐藏工件，同时再显示型芯元件。在【模具】选项卡的【元件】面板中选择【实体分割】命令，弹出【模具模型类型】菜单管理器，如图 8-48 所示。

图 8-48 显示型芯

16 在【模具模型类型】菜单管理器选择【模具元件】命令后再选择型芯元件，会弹出【实体分割选项】对话框，如图 8-49 所示。

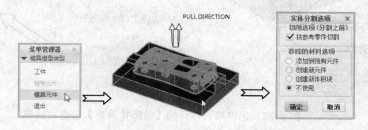

图 8-49 选择型芯元件打开【实体分割选项】对话框

17 在【实体分割选项】对话框的【移除的材料选项】选项组中单击【创建新元件】单选按钮，然后单击【确定】按钮，系统会弹出【分割】对话框和【选择】对话框，如图 8-50 所示。

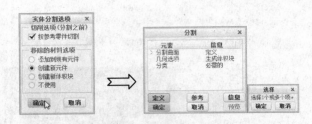

图 8-50　选择移除材料的选项

18 按信息提示选择先前创建的合并延伸后的曲面作为分割曲面，并单击【选择】对话框的【确定】按钮结束选择。随后再弹出【岛列表】菜单管理器。在该菜单管理器中勾选【岛 1】选项，最后选择【完成选取】命令，如图 8-51 所示。

图 8-51　选择分割曲面

> 如果分割曲面不能顺利分割实体，则说明分割曲面与实体之间存在缝隙，并弹出【故障排除器】信息对话框，如图 8-52 所示。解决的方法是将合并延伸后的曲面再延伸一段距离，使其超出型芯边缘。

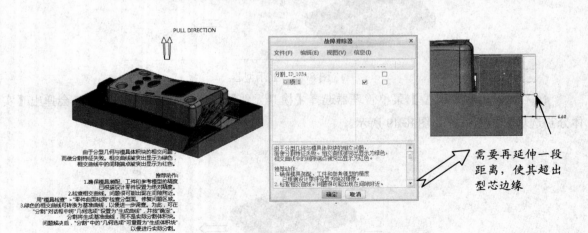

图 8-52　出现错误打开的【故障排除器】信息对话框

19 在【分割】对话框单击【确定】按钮再弹出【创建模具元件】对话框。在该对话框中输入新元件的名称为"滑块头"，然后单击【确定】按钮完成滑块头的创建，如图 8-53 所示。

20 分割后的滑块头与型芯如图 8-54 所示。

图 8-53　完成滑块头的创建

图 8-54　分割后的滑块头与型芯

2.　加载滑块组件

01 创建了滑块头后关闭成型零件工作窗口。在原始窗口中，单击【EMX 常规】选项卡【视图】面板中的【显示】|【动模】命令，图形区中仅仅显示动模部分，如图 8-55 所示。

图 8-55　显示动模

02 在【模型】选项卡的【基准】面板中单击【坐标系】按钮，弹出【坐标系】对话框。按信息提示在图形区中选择滑块头尾端的一条边和模架基准平面 MOLDBASE_X_Z 作为两个原点参考，如图 8-56 所示。

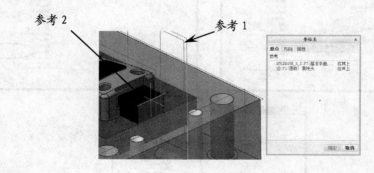

图 8-56　选择原点参考

03 在【坐标系】对话框的【方向】选项卡下，在【确定】下拉列表中选择【Y】，并单击【反向】按钮，使 X 轴指向滑块外。激活【使用】收集器后，再选择滑块头上的一个面作为参照，并设置投影为【Z】，如图 8-57 所示。最后单击【确定】按钮完成坐标系的创建。

225

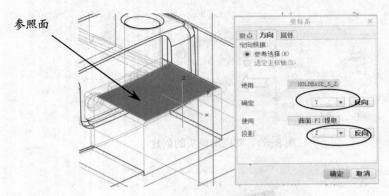

图 8-57 选择方向参照

　在 EMX 中规定，滑块标准件的加载需要确定参考坐标系，且坐标系的+X 轴必须指向滑块滑动方向，+Z 轴与模具开模方向相同。

04 在【EMX 工具】选项卡的【滑块】面板中单击【定义】按钮，弹出【滑块】窗口。然后在窗口中进行如下设置：（尺寸-SIZE 默认）、高度 20、长度 30、宽度 35、斜导柱 10、bore_offset 为 10。

05 单击【显示详细图像】按钮，在弹出的【元件详细信息】对话框中将如图 8-58 所示的滑块组件参数进行编辑。

　为了使滑块组件的参数编辑操作方便，在【滑块】窗口下方单击【在 3D 中预览选定的模型】按钮，参照预览进行编辑，就不用再反反复复地打开或关闭【滑块】窗口了。

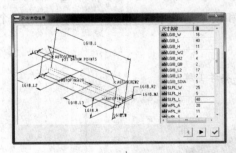
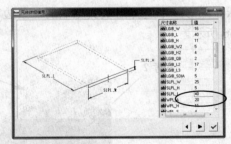
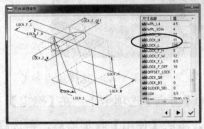

图 8-58 设置滑块组件的详细参数

226

06 在确认所有参数都设置完成后，选择上步骤创建的参考坐标系，再单击【滑块】窗口中的【保存】按钮 ✓，完成滑块标准件的加载，结果如图 8-59 所示。

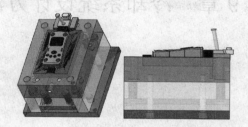

图 8-59　加载完成的滑块标准件

07 单击快速访问工具栏上的【保存】按钮 🖫，保存本例侧向分型机构的设计结果。

第9章 冷却系统设计方法

模具温度是否合理直接关系到塑件的尺寸精度、表观质量、生产效率等，合理地控制模具温度是注射模设计中的一项重要内容。本章将详细地介绍了模具温度调节系统（冷却系统）的作用、设计原则、冷却系统、加热系统等，并重点介绍型腔、型芯冷却系统的结构设计。

学习目标：

- 冷却系统设计概述
- EMX 冷却系统设计
- 冷却系统设计

9.1　冷却系统设计概述

> 模具冷却系统的设计与使用的冷却介质、冷却方法有关。注塑模可用水、压缩空气和冷凝水冷却，水冷却应用最为广泛，因为水的比热容大，传热系数大，成本低。

9.1.1　冷却系统的重要性

冷却对塑件质量的影响表现在如下几个方面：

- 变形。
- 尺寸精度。
- 力学性能。
- 表面质量。

冷却系统对生产率的影响主要由冷却时间来体现。通常，注射到型腔内的塑料熔体的温度为 200 ℃左右，塑件从型腔中取出的温度在 60 ℃以下。熔体在成型时释放出的热量中约有 5%以辐射、对流的形式散发到大气中，其余 95%需由冷却介质(一般是水)带走，否则由于塑料熔体的反复注入将使模温升高。

9.1.2　常见冷却水路结构形式

常见的冷却水路的截面形状有圆形直管、方形直管、圆形弯管、方形弯管，常见结构形式有喷水式、挡板形式和热管形式，如图 9-1 所示。

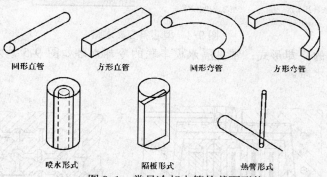

图 9-1　常见冷却水管的截面形状

图 9-2 所示为常见的串联和并联冷却水路形式。

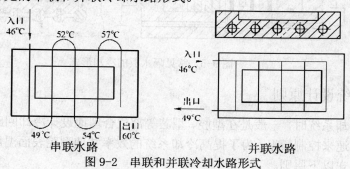

图 9-2　串联和并联冷却水路形式

模具冷却水路的排布与冷却形式有很多种，较为常见的几种形式简介如下：

● 采用模板循环水路直接冷却形式：对于模板来说，可采用循环水路直接冷却形式来排布，图9-3所示为模板的冷却水路排布。

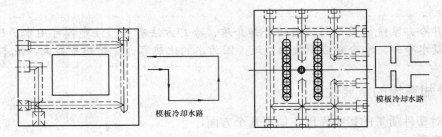

图9-3　模板循环水路

● 采用成型零件循环水路直接冷却形式：对于中等高度的型芯可采用斜交叉管道构成的冷却回路，如图9-4所示。

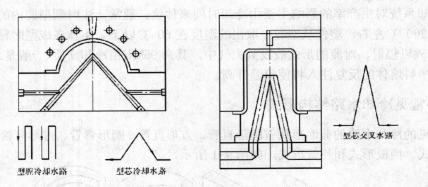

图9-4　型芯斜交叉水路

● 采用隔水板的冷却形式：常见隔水板串联的冷却水路如图9-5所示，在多型芯上采用并联的冷却水路。

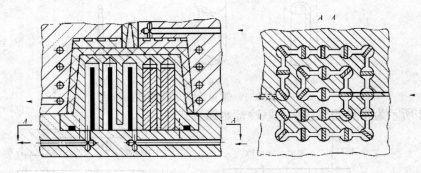

图9-5　常见隔水板的冷却形式

9.1.3 冷却系统设计原则

设计模具冷却系统时，一般是在型腔、型芯等部位合理地设计冷却回路，并通过调节冷却水的流量及流速来控制模温，为了提高冷却系统的效率并使型腔表面温度分布均匀，设计冷却系统时应遵守以下原则。

230

1. 冷却水道布局应合理

根据对模温状况的分析，可初步确定水道开设的位置。当塑件的壁厚均匀时，冷却管道与型腔表面的距离最好相等，分布尽量与型腔轮廓相吻合，如图9-6a所示。当塑件的壁厚不均匀时，在壁厚处应加强冷却，冷却管道间距小且较靠近型腔，如图b所示。

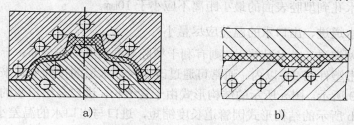

图9-6　冷却水道的布置

2. 冷却水道直径与水道间的间距应合理

冷却水道的直径与水道间的间距直接影响模温分布，如图9-7所示。图a和b的水孔到型腔的最短距离（垂直距离）相同，但水道数量不一样，从而型腔热量向冷却源流动的路程就会不同。图a采用5个较大的冷却水道时，型腔表面温度比较均匀，出现60～60.05℃的变化。而同一型腔，图b采用两个较小的冷却水道时，型腔表面温度出现53.33～61.66℃的变化。由此可见，为了使型腔表面温度分布趋于均匀，防止塑件不均匀收缩和产生内应力，在模具结构允许的情况下，应尽量多设冷却水道且使用较大的截面尺寸。

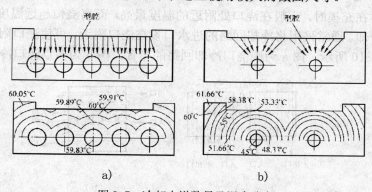

图9-7　冷却水道数量及温度分布

3. 冷却水道到型腔表面的距离应合理

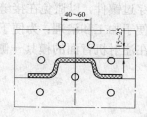

图9-8　水孔到型腔表壁的推荐距离

冷却水道到型腔表面的距离关系到型腔是否冷却得均匀及模具的刚度、强度等问题。不能片面地认为，距离越近冷却效果越好。设计冷却水道时往往受推杆、镶件、侧抽芯机构等零件限制,不可能都按照理想的位置开设水道,水道之间的距离也可能较远,这时,水孔距离型腔位置过近,则冷却均匀性差。同时,在确定水道与型腔壁的距离时,还应考虑模具材料的强度和刚度。避免距离过近,在模腔压力下使材料发生扭曲变形,使型腔表面产生龟纹。图 9-8 是水孔与型腔表面距离的推荐尺寸,该尺寸兼顾了冷却效率、冷却均匀性和模具刚、强度的关系,水孔到型腔表面的最小距离不应小于 10mm。

4. 冷却水道进、出口水的温差应尽量小

冷却水道两端进、出水温差小,则有利于型腔表面温度均匀分布。一般塑件要求温差在 10℃ 以内,精密塑件在 2℃ 以内。通常可通过改变冷却水道的排列形式来降低进、出口水的温差,如图 9-9 所示,图 a 所示的结构形式由于管道长,进口与出口水的温差大,塑件的冷却不均匀。图 b 所示的结构形式因管道长度缩短,进口与出口水的温差小,冷却效果好。

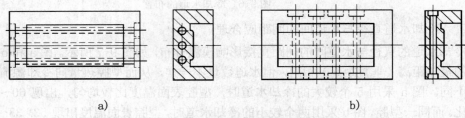

a)   b)

图 9-9 冷却水道的排列

5. 浇口处应加强冷却

塑料熔体在充模时,一般在浇口处附近的温度最高,而离浇口越远温度越低,因此应加强浇口处的冷却。通常采用将冷却回路的进水口设在浇口附近,可使浇口附近在较低水温下冷却。如图 9-10 所示,图 a 为侧浇口冷却回路的布置,图 b 为多点浇口冷却回路的布置。

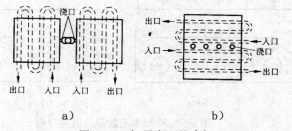

a)   b)

图 9-10 加强浇口处冷却

除上述几项基本原则外,还应避免将冷却水道设置在塑件易产生熔接痕部位;要注意水管的密封问题,一般冷却水道不应穿过镶件,以避免在接缝处漏水,若必须通过镶件时,则应设置套管进行密封;冷却水道应便于加工和清理;为便于操作,应将进口、出口水管接头尽量设置在模具同一侧,通常设置在注射机背面的模具一侧。同时冷却水道应畅通无阻,避免产生存水和回流的情况。

9.1.4 型腔冷却系统结构

1. 深腔型腔的冷却

对于尺寸较大、较深的型腔必须单独设置冷却水道,常用的冷却形式如图 9-11 所示,图 a 为分层水道式,图 b 为螺旋水槽式。

232

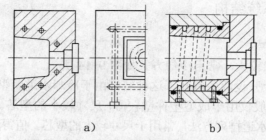

a)   b)

图 9-11　尺寸较大的型腔冷却水道布置

2. 整体镶拼式型腔的冷却

对于尺寸较大、采用镶件形式的型腔,通常可采用如图 9-12 所示的方法设置冷却水道,尽量将冷却水道开设在镶件上,以增强冷却效果。

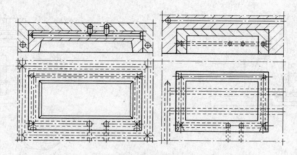

图 9-12　整体镶拼型腔冷却水道布置

3. 整体型腔的冷却

对于直接在模板上加工而成的小型模具的型腔,可直接在模板上设置冷却水道。在模板上设置冷却水道,应使冷却水道尽量靠近型腔表面并尽量围绕型腔,使塑件在冷却过程中均匀。通常的冷却水道布置形式如图 9-13 所示。图 a 为"二形"布置,这种冷却水道加工较简单,但塑件冷却不够均匀,适于批量不大,精度要求不高的塑件。图 b 为"U形"布置,冷却效果略好于"二形"布置形式。图 c 为"口形"布置,由于冷却水道基本上围绕型腔分布,冷却较均匀。图 d 为多组独立冷却水道布置,这种结构减少了冷却水在入口和出口的温差,保证了塑件的冷却效果,适于冷却水道较长的情况。

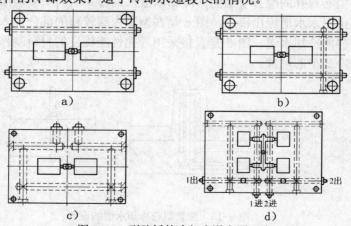

a)   b)

c)   d)

图 9-13　型腔板的冷却水道布置形式

9.1.5 型芯冷却系统结构

1. 主型芯的冷却

主型芯一般体积较大，常用冷却方式如图9-14所示。

图 a 是在型芯上开设两条斜孔，这种结构由于冷却水道距型芯表面的距离不等，所以冷却效果不均匀。一般仅用于成型塑件壁较薄，尺寸较小的型芯。图 b 是一种冷却效果均匀、塑件散热很好的冷却水道排列方法，常用于尺寸较大的型芯。值得注意的是，在制作这种冷却水道时，型芯侧面的水道封堵一定要平整。如果这一部位受压较大时，可采用镶入淬火钢垫的方式。图 c 采用具有较好热传导率的材料，如铍青铜作型芯，并与冷却水道相结合的方法。图 d 是在型芯尺寸、强度允许的前提下，在型芯中加入带有螺旋的水槽镶件，可获得较好的冷却效果。

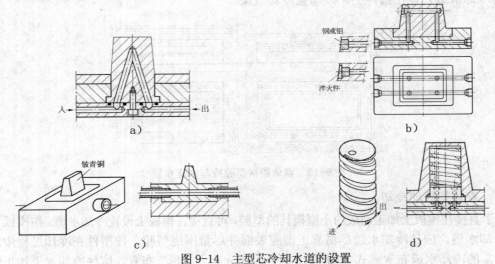

图9-14　主型芯冷却水道的设置

2. 细长型芯的冷却

细长型芯由于直径较小，使得热传导困难，常用的冷却方式如图9-15所示。图 a 采用隔板式冷却，隔板将水道一分为二，形成进水和出水。图 b 采用喷淋式冷却，将铜管插入型芯，铜管与型芯内孔的配合要适当。冷却水流入铜管，水向上喷射而出，沿着型芯内孔表壁流下，再由出水水道流出模外。图 c 是在型芯内部较粗的部分加入细铜棒，细铜棒的一端连接模板中的冷却水道。图 d 是直接采用导热性能优良的材料制作型芯，如铍青铜，冷却水道直接冷却型芯尾部。

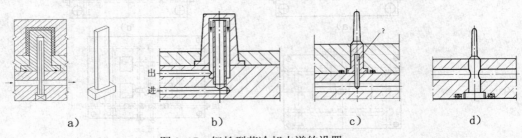

图9-15　细长型芯冷却水道的设置

3. 多个型芯的冷却

当模具有多个型芯时，可采用图 9-16 所示的冷却方式同时冷却多个型芯。图 a 是采用串联冷却水道，这样的结构使冷却水流动有力，但存在随着型芯数目增加、温度梯度变化大等问题。适用型芯数目不多的模具。图 b 是采用并联冷却水道，这样的结构使模具型芯随温度梯度变化不大，但冷却水流动不够有力，其结果会导致对不同型芯冷却效果不均匀。

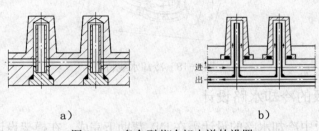

图 9-16 多个型芯冷却水道的设置

9.2 EMX 冷却系统设计

在 Creo 中，模具的冷却系统设计包括成型零件中的冷却水路设计和动、定模板的冷却水路设计。

9.2.1 成型零件的冷却水路设计

成型零件（主要指型腔和型芯）冷却水路的设计是在模具设计模式中完成的。通过指定回路的直径，绘制冷却水线回路的路径和指定末端条件，便可以利用冷却水线特征快速地创建所需要的冷却水线回路。冷却水线回路系统可以视为标准的组件特征，利用一些建构特征所使用的一般工具，如拉伸、剪切、孔等来创建。

在模具设计环境下，单击【模具】选项卡【生产特征】面板中的【等高线】菜按钮，系统将提示用户输入冷却水线通道的直径，并弹出【等高线】对话框，如图 9-17 所示。

该对话框中各元素的含义如下：

- 直径：该元素定义了冷却水线通道的直径。
- 回路：回路元素定义了冷却水路的轨迹，此轨迹仅为直线。
- 末端条件：此元素定义了水管末端的形状。包括"盲孔"、"通过"和"通过 w/沉孔"三种类型。
- 求交零件：此元素定义与水线组件特征相交的零件，例如指定型腔元件、型芯元件或型腔/型芯元件作为相交对象。

图 9-17 【等高线】对话框

如图 9-18 所示为在型腔元件中定义的冷却水线特征。

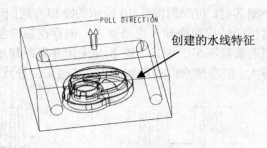

图 9-18　冷却水线特征

9.2.2　动、定模板的冷却水路设计

模具动、定模板中冷却水路的设计需在 EMX 帮助下完成。在模架设计模式中，模板冷却水路轨迹的设计视模具结构的难易程度可通过两种方式进行。

1. 通过装配水线曲线方式

当模具中没有复杂的侧向分型机构且型腔较浅时，可以通过 EMX 提供的标准水线曲线进行装配。此种方式快速、准确，是简单模具冷却系统设计的首选。

在【EMX 工具】选项卡的【元件】面板中选择【装配水线曲线】命令，系统弹出【水线】对话框，如图 9-19 所示。

图 9-19　【水线】对话框

该对话框中各选项含义如下：

● 装配模型：单选此项，装配的水线将作为模型特征。当水线作为模型装配时，仅有一种预定义的水线，如图 9-20 所示。

图 9-20　作为模型的水线类型

● 装配 UDF：单选此项，装配的水线将作为曲线特征。以 UDF 装配时，有 3 种类型可供

236

选择（其中一种水线类型同上），另两种类型如图9-21所示。

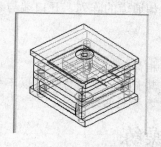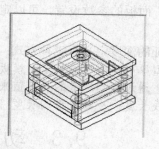

图9-21 作为UDF装配时的水线类型

● "选择坐标系"按钮 ：单击此按钮，需选择模架坐标系作为水线曲线装配时的参照坐标系。
● 将水线添加到动模和定模：不勾选此项，水线将默认装配到定模板中，勾选此项，则同时装配到动模和定模中。

2. 通过草绘方式

当模具型腔较深且具有复杂的模具结构时，需要用户自定义水线曲线轨迹。水线曲线的绘制是在单独打开动、定模板的新窗口下使用"草绘"工具完成的，图 9-22 所示为在草绘模式中绘制的水线曲线。

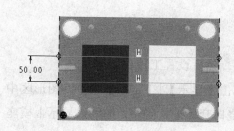

图9-22 草绘水线曲线

图9-23 冷却通道的参数设置

3. 加载冷却元件

冷却水线曲线创建完成后，通过定义冷却元件功能，将冷却通道组件加载进模板中。在【工程特征】工具条单击【定义冷却元件】按钮 ，系统弹出【冷却元件】窗口。在该窗口的冷却元

件类型列表中选择"HOLE | 盲孔"类型，则显示冷却通道特征的参数定义选项，如图 9-23 所示。

通过"选项"面板的参数设置，可以定义冷却通道的阵列、开口端与末口端形状、有无干涉等。

冷却通道特征的深度定义有三种方式：

- 使用模型厚度：即通道长度与模板长度相等。
- 输入值：通过冷却通道的长度值来确定其长度，这种方式可以不先创建水线曲线。
- 使用曲线长度：冷却通道的长度将与所选参照曲线相等。

9.3 动手操练

前面的章节主要学习了模具系统与机构设计等相关知识，下面以两个设计案例，来介绍模具的冷却系统在 UG MW 中的设计方法与详细的操作步骤。

支撑架模具的成型零件与产品模型如图 9-24 所示。在该模具冷却系统中，为了简化冷却水路，冷却回路全采用"串联循环水路"。本例模具的冷却水路将在型腔、型芯以及动、定模板中创建。

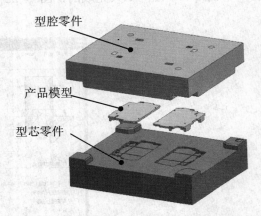

型腔零件

产品模型

型芯零件

图 9-24　主体框模具的成型零件与产品模型

1. 创建定模中的冷却系统

操作步骤

01 打开练习模型 zhichengjia_mold.asm 文件。然后设置工作目录。

02 在【EMX 常规】选项卡的【视图】面板中单击【显示】|【定模】命令，图形区中仅仅显示模具的定模部分，在模型树中将定位环和浇口套标准件隐藏，最终只显示上模座板和型腔元件，如图 9-25 所示。

03 将视图切换为 TOP，然后在【模型】选项卡的【基准】面板中单击【平面】按钮 ⬜，然后选择上模座板的下表面作为参考平面，以此创建一个新基准平面，如图 9-26 所示。

04 在模型树中，单独打开"支撑架.ASM"组件，在打开的模具设计窗口中，按步骤创建基准平面方法再新建一个基准平面，如图 9-27 所示。

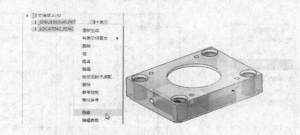

图 9-25 显示和隐藏模具组件

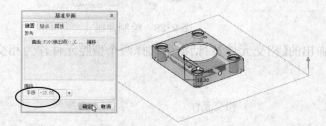

图 9-26 新基准平面

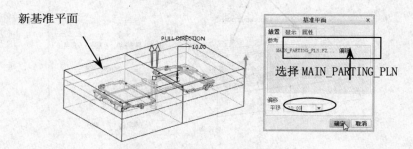

新基准平面

选择 MAIN_PARTING_PLN

图 9-27 创建新基准平面

05 单击【生产特征】面板中的【等高线】按钮 ❷❷，随后在图形区上方显示的【输入水线圆环的直径】文本框输入值"4"，再按信息提示选择步骤 **04** 新建的基准平面作为草绘平面，如图 9-28 所示。

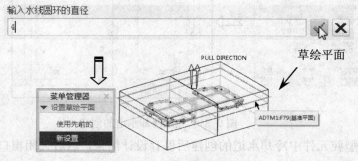

图 9-28 选取草绘平面

06 在【设置草绘平面】菜单管理器中选择【默认】命令，进行草绘模式下绘制如图 9-29 所示的曲线，完后单击【确定】按钮退出草绘模式。

239

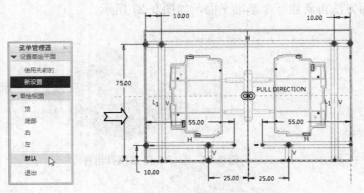

图 9-29　绘制曲线

07 在随后弹出的【相交元件】对话框中选择两个型腔元件作为相交的元件,如图 9-30 所示。

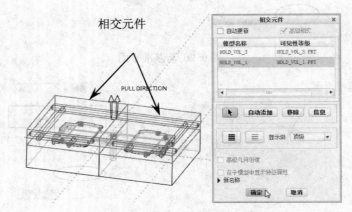

图 9-30　选择相交元件

08 单击【等高线】对话框的【确定】按钮,完成型腔元件中冷却水道的创建,如图 9-31 所示。

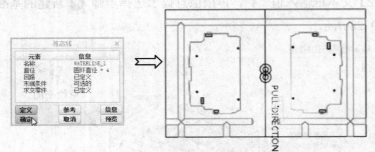

图 9-31　完成冷却水道的创建

09 完成型腔元件中冷却水道的创建后保存设计结果,然后关闭窗口。返回到模架设计环境中,显示定模板,同时在【基准显示过滤器】中除轴显示外,关闭其余基准显示,如图 9-32 所示。

10 在【EMX 元件】选项卡的【Cooling】面板中单击【定义】按钮 ,打开【冷却

240

元件】窗口，然后设置如图 9-33 所示的选项。

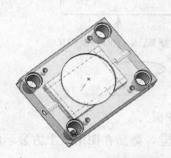

图 9-32　显示基准轴

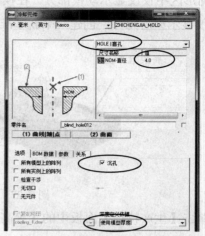

图 9-33　设置冷却元件参数及选项

在【冷却元件】窗口中设置【使用模型厚度】作为深度的定义值，是为了不用在模架中绘制曲线。勾选【沉孔】选项是为了后面加载喷嘴或接头。

11 单击【冷却元件】窗口中的【(1) 曲线|轴|点】按钮，然后在图形区中选择如图 9-34 所示的轴线，接着再选择上模座板的侧面作为参考曲面。

图 9-34　选择参考轴和参考曲面

12 再单击【冷却元件】窗口中的【保存并应用】按钮 ✓，完成模板中冷却水道的创建，结果如图 9-35 所示。同理，在此模板中创建另一条冷却水道，结果如图 9-36 所示。

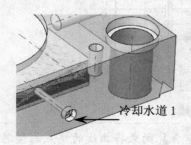

图 9-35　创建的冷却水道

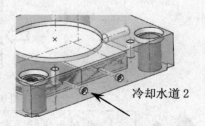

图 9-36　创建完成的另 1 条冷却水道

2.　创建动模中的冷却系统

241

01 图形区中仅仅显示动模部分。在模型树中单独打开"支撑架.ASM"组件。然后在新窗口下仅显示型芯元件，创建一个新基准平面，如图 9-37 所示。

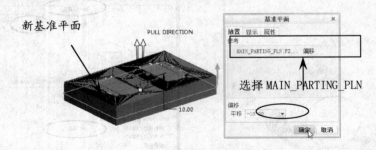

图 9-37　创建新基准平面

02 单击【生产特征】面板中的【等高线】按钮 ⟁⟁，随后在图形区上方显示的【输入水线圆环的直径】文本框输入值"4"，再按信息提示选择前面的步骤 **04** 新建的基准平面作为草绘平面，如图 9-38 所示。

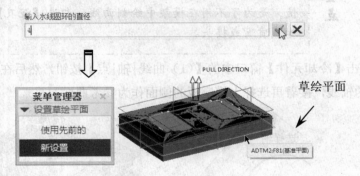

图 9-38　选取草绘平面

03 在【设置草绘平面】菜单管理器中选择【默认】命令，进行草绘模式下绘制如图 9-39 所示的曲线，完后单击【确定】按钮退出草绘模式。

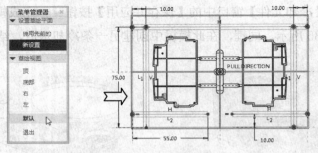

图 9-39　绘制曲线

重点　　绘制曲线时，需要使用【重合】约束将曲线的端点与型芯元件的边重合

242

04 在随后弹出的【相交元件】对话框中选择两个型芯元件作为相交的元件，如图 9-40 所示。

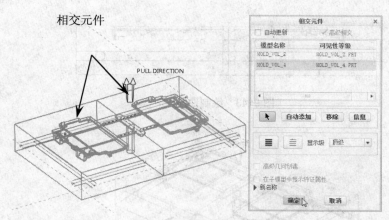

图 9-40　选择相交元件

05 单击【等高线】对话框的【确定】按钮，完成型腔元件中冷却水道的创建，如图 9-41 所示。

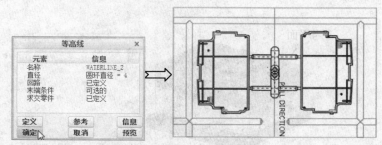

图 9-41　完成冷却水道的创建

06 使用【平面】工具，再创建如图 9-42 所示的新基准平面。

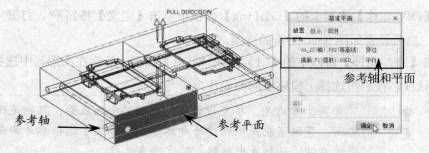

图 9-42　创建新基准平面

07 重复创建"等高线"的操作，选择前一步骤新建的基准平面作为草绘平面，然后绘制出如图 9-43 所示的曲线。创建完成的冷却水道如图 9- 44 所示。

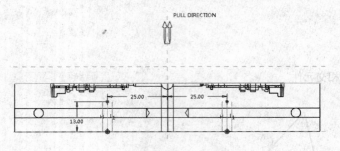

图 9-43　绘制曲线

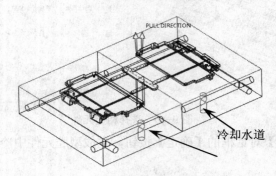

图 9-44　绘制完成的冷却水道

08 利用【平面】工具，以动模板表面作为参考平面，创建一个新基准平面创建，如图 9-45 所示。

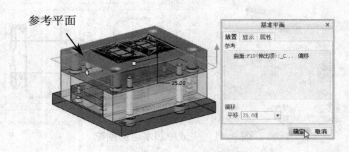

图 9-45　创建新基准平面

09 在【EMX 元件】选项卡的【Cooling】面板中单击【定义】按钮，打开【冷却元件】窗口，然后设置如图 9-46 所示的选项。

10 单击【冷却元件】窗口中的【(1) 曲线|轴|点】按钮，然后在图形区中选择如图 9-47 所示的轴线，接着再选择上模座板的侧面作为参考曲面。

> 需要注意的是，参考曲面不能是型芯中的表面，只能是模板上的曲面，否则不能正确创建冷却水道。在不便于选择参考曲面时，可通过右键"从列表中拾取"的方法来选择。

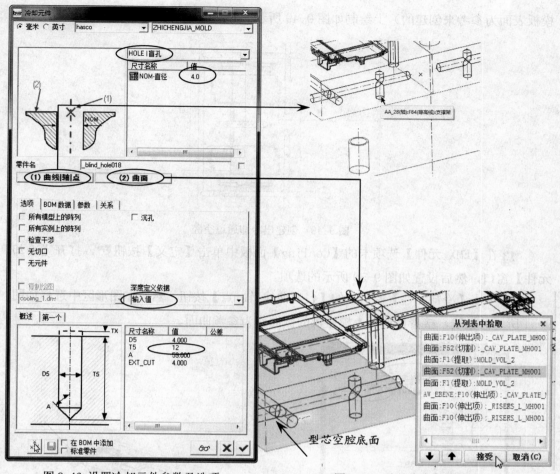

图 9-46 设置冷却元件参数及选项　　　　　图 9-47　选择参考轴和曲面

11 单击【冷却元件】窗口中的【保存并应用】按钮 ✓，完成动模板中冷却水道的创建，同理，在动模板创建另 1 条竖直的冷却水道，最终结果如图 9-48 所示。

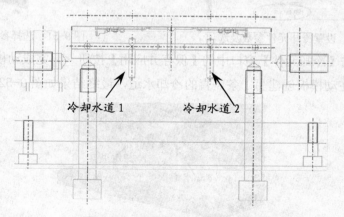

冷却水道 1　　　　冷却水道 2

图 9-48　创建完成的两条冷却水道

12 利用【模型】选项卡【基准】面板中的【草绘】功能，在新建的基准平面（以动模板表面为参考来创建的）上绘制如图 9-49 所示的曲线。

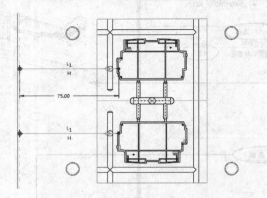

图 9-49　创建出冷却通道空腔

13 在【EMX 元件】选项卡的【Cooling】面板中单击【定义】按钮，打开【冷却元件】窗口，然后设置如图 9-50 所示的选项。

14 单击【冷却元件】窗口中的【（1）曲线|轴|点】按钮，然后在图形区中选择如图 9-51 所示的轴线，接着再选择上模座板的侧面作为参考曲面。

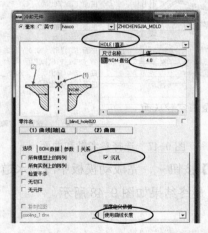

图 9-50　设置冷却元件参数及选项

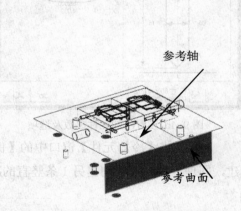

图 9-51　选择参考轴和曲面

15 再单击【冷却元件】窗口中的【保存并应用】按钮，完成动模板中冷却水道的创建，同理，在动模板创建另 1 条竖直的冷却水道，最终结果如图 9-52 所示。

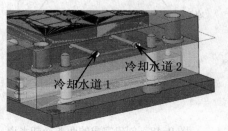

图 9-52　创建完成的两条冷却水道

如果需要删除加载是装配标准件，切不可在模型树中将组件删除。这会导致模型保存时许多标准件不能保存。只能通过各标准件命令面板中的【删除】命令来删除。

16 显示所有模板。在【EMX 元件】选项卡的【Cooling】面板中单击【定义】按钮，打开【冷却元件】窗口，然后设置如图 9-53 所示的喷嘴选项。

17 单击【冷却元件】窗口中的【(1) 曲线|轴|点】按钮，然后在图形区中选择如图 9-54 所示的轴线，接着再选择上模座板的侧面作为参考曲面。

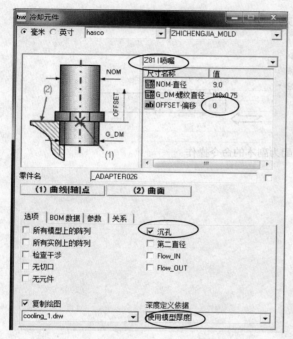

图 9-53　设置喷嘴参数及选项

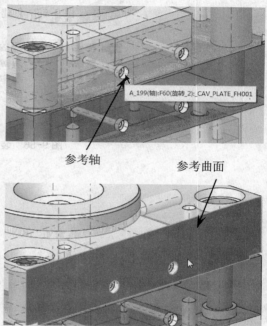

图 9-54　选择参考轴和曲面

18 单击【冷却元件】窗口中的【保存并应用】按钮，完成喷嘴标准件的加载，同理，按此方法完成其余 3 个喷嘴的加载，最终结果如图 9-55 所示。

当加载相同参数的标准件时，大可不必通过重新设置参数与选项来操作。例如，加载第 2 个喷嘴时，在命令面板中选择【装配为副本】命令，然后在模型树中展开第 1 个喷嘴的子项目，并选择参考点项目，会打开相同的【冷却元件】窗口。该窗口下的参数选项就是创建第 1 个喷嘴的，因此直接选择第 2 个喷嘴的参考轴和参考曲面即可完成加载，如图 9-56 所示。

19 本练习的支撑架模具的冷却系统设计全部完成。最后，将结果保存在工作目录中。

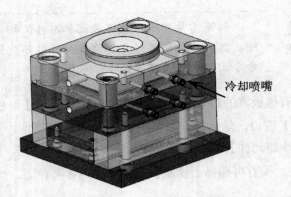

冷却喷嘴

图 9-55　创建完成的冷却喷嘴标准件

图 9-56　装配为副本的命令操作

第 10 章　推出机构设计方法

注射成型结束后模具打开，把塑件从型腔或型芯上推出的机构，称为模具的推出机构，又叫顶出机构或脱模机构。本章将介绍推出机构的组成、分类、推出力的计算和各种常用的机动推出机构。

学习目标：

- 推出机构的组成与分类
- 模具的各类推出机构设计要点
- EMX7.0 模具推出机构设计
- 推出机构的修剪工具

10.1 推出机构的组成和分类

推出机构的作用是在不使塑件变形或损坏，保证塑件外观及使用要求的前提下，将塑件推出模外。

10.1.1 组成

推出机构除了结构可靠外，还应运动灵活，制造方便，易于配换，且具有足够的强度和刚度，图10-1所示是典型的推杆推出机构，主要由推出部件、推出导向部件和复位部件等组成。

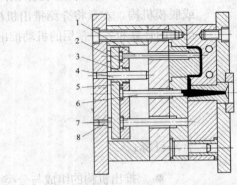

图 10-1 推杆推出机构

1—推杆 2—推杆固定板 3—导套 4—导柱 5—推板 6—拉料杆 7—复位杆 8—限位钉

- 推出部件：推出部件由推杆1、推杆固定板2、推板5和限位钉8等组成。推杆直接与塑件接触，开模后将塑件推出。推杆固定板和推板起固定推杆及传递注射机顶出力的作用。限位钉起调节推杆位置和便于消除推板与动模座板间杂物的作用。
- 导向部件：为使推出过程平稳，推出零件不被弯曲或卡死，推出机构中设有导柱4和导套3，起推出导向作用。
- 复位部件：复位部件作用是使完成推出任务的推出零件回复到初始位置。图 10-1是利用复位杆 7 复位。此外也有利用弹簧先行复位的，特别是在推杆多，复位力要求大时，常用弹簧与复位杆配合使用，以防止只用弹簧复位过程中发生卡滞或推出机构不能准确复位的情况发生。

10.1.2 分类

1. 按动力来源分类

（1）按动力来源可分为机动推出机构、液气压推出机构和手动推出机构。
机动推出机构：利用注射机的开模动作，由注射机上的顶杆推动模具上的推出机构，将塑件从动模部分推出。
（2）液、气压推出机构：液、气压推出是在注射机上设置有专用的液压缸，开模时留有塑件的动模随注射机的移动模板移至开模位置，然后由专用液、气压缸的顶杆（活塞杆）

推动推出机构将塑件从动模部分推出。

（3）手动推出机构：指模具开模后，由人工操作的推出机构推出塑件，它可分为模内手动推出和模外手动推出两种。模内手动推出机构常用于塑件滞留在定模一侧的情况。

2. 按模具结构分类

按模具结构可分一次推出机构、二次推出机构、定模设推出机构、自动拉断点浇口推出机构、自动卸螺纹推出机构等。

10.2　一次推出机构

一次推出机构是指开模后在动模一侧用一次推出动作完成塑件的推出的机构，又称简单推出机构。其使用最广泛的是推杆推出机构、推管推出机构和推件板推出机构，此外还有推块、活动镶块、气动推出机构等。

10.2.1 推杆推出机构

推杆设置的自由度较大，而且推杆截面大部分为圆形，制造。其修配方便，容易达到推杆与模板或型芯上推杆孔的配合精度。推杆推出时运动阻力小，推出动作灵活可靠。推杆损坏后也便于更换。因此，推杆推出机构是推出机构中最简单、动作最可靠、最常见的结构形式。

1. 推杆

推杆的常用截面形状如图 10-2 所示，其中圆形截面为最常用的形式。标准圆形截面推杆的结构如图 10-3 所示，对于直径小于 3mm 的细长推杆应做成下部加粗的阶梯形。

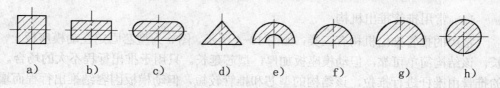

a)　　　b)　　　c)　　　d)　　　e)　　　f)　　　g)　　　h)

图 10-2　推杆的常用截面形状

2. 设计要点

推杆推出机构的设计要点如下：

- 推杆应设置在脱模阻力大的地方，应均衡布置，使塑件推出时受力均匀，防止塑件变形。
- 推杆端面应和型腔在同一平面或比型腔平面高出 0.05～0.10mm。推杆与推杆孔配合一般为 H8/f8 或 H9/f9，其配合间隙应小于所用塑料的溢料间隙，以避免产生飞边。
- 推杆应有足够的强度和刚度承受推出力。
- 对带有侧向抽芯的模具，推杆位置应尽量避开侧向型芯，以避免与侧抽芯发生干涉。若发生干涉，需设置推杆先行复位装置。

对于设有冷却水道的模具，应避免推杆穿过冷却水道，否则会出现漏水。设计时应先设计冷却系统，再设计推出机构，并与冷却水道保持一定距离，以保证加工。

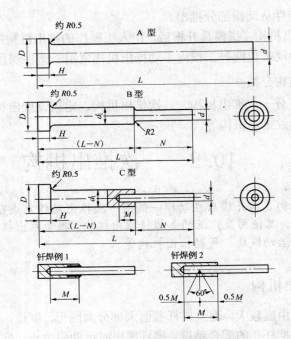

图 10-3　标准圆形截面推杆的结构

10.2.2　推管推出机构

推管是一种空心的推杆，它适于环形、筒形塑件或塑件上带有孔的凸台部分的推出。由于推管整个周边接触塑件，故推出塑件的力量均匀，塑件不易变形，也不会留下明显的推出痕迹。

1.　常用推管推出机构

常用的推管推出机构有三类，如图 10-4 所示。图 a 为型芯固定在动模座板上，型芯较长，该结构简单可靠，但动模座板加厚，型芯延长。只用于推出行程不大的场合。图 b 中的推管由推杆进行推拉，该结构的型芯和推管较短，但动模板因容纳推出行程而增厚。图 c 为扇形推管，即推管开口，或剖切成 2~3 个脚，以避免型芯固定凸肩与运动推管干涉。该结构可有效缩短型芯长度，应用较广泛，但推管的制造较困难。

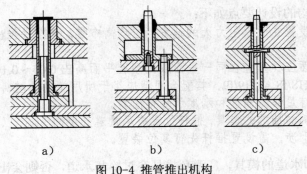

a)　　　　　　　b)　　　　　　　c)

图 10-4　推管推出机构

2.　推管

推管可分为Ⅰ型推管和Ⅱ型推管，其形状和尺寸分别如图 10-5 和图 10-6 所示。

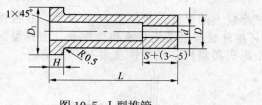

图 10-5　Ⅰ型推管

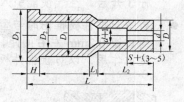

图 10-6　Ⅱ型推管

3. 设计要点
- 推管的内外表面都能顺利滑动。内径与型芯配合、外径与模板配合，均可按 H8/f7 或 H8/f8 选用，大直径的可选用较高的配合精度，以免间隙过大而溢料。
- 推管材料与推杆相同，推管在推出位置与型芯应有 8～10mm 的配合长度，其滑动长度的淬火硬度为 50HRC 左右，非配合长度均应有 0.5～1mm 的双面间隙。
- 为保证推管的强度和刚度，推管壁厚应在 1.5mm 以上，必要时采用阶梯形推管。

10.2.3　推件板推出机构

推件板推出机构的推出力大且均匀，对侧壁脱模阻力较大的薄壁箱体或圆筒塑件，推出后外观几乎不留痕迹，适于推出透明塑件。推件板推出机构不需要复位杆复位。

1. 常用的推件板推出机构

常用的推件板推出机构有三类，如图 10-7 所示。图 a 中的推件板与推杆用螺纹连接，以防止推杆与推件板分离。应注意，该结构在合模时，推板与动模座板之间应留 2～3mm 的间隙。图 b 中的推杆与推件板不作连接，但导柱要足够长，以防止推件板脱离导柱。图 c 的结构适用于两侧有顶出杆的注射机，模具结构简单，但推件板要增大并加厚。

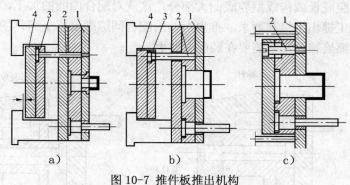

图 10-7　推件板推出机构

1—推件板　2—推杆　3—推杆固定板　4—推板

2. 设计要点
- 推件板应由导柱导向机构导向定位，以防止推件板孔与型芯间的过度磨损和偏移。
- 推件板与型芯之间要有高精度的间隙配合，既要使推件板灵活推出和回复，又要保证熔体不溢料。
- 为防止过度磨损和发生咬合，推件板孔与型芯应进行淬火处理。
- 为避免推件板在推出大型深腔薄壁壳体，特别是软质塑料成型的壳体件时，壳体内形成真空，造成塑件损坏或变形，应在型芯内附设进气装置，如图 10-8 所示的气阀引气，推件板 1 在推杆的作用下外移时，真空吸附作用使弹簧 2 被压缩，阀杆 3 开启，空气便能引入塑件与型芯之间，使塑件顺利地从型芯上脱下。

● 为防止推件板推出时与型芯产生较大的摩擦，可如图 10-9 所示，在推件板与型芯周边留 0.2mm 左右间距，并将推件板与型芯设计成锥面配合，由锥面配合起辅助定位作用，以防止推件板偏心而引起溢料，其半锥角为 10° 左右。

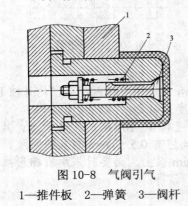

图 10-8 气阀引气

1—推件板 2—弹簧 3—阀杆

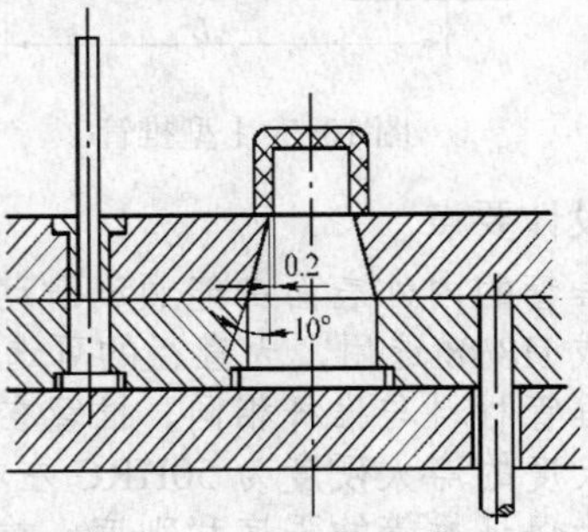

图 10-9 锥面配合的推件板

10.2.4 推块推出机构

对于端面平直的无孔塑件，或仅带有小孔的塑件，为保证塑件在模具打开时能留到动模，一般都把型腔安排在动模一侧，如果塑件表面不希望留下推杆痕迹，可采用推块推出机构。

图 10-10 所示是推块推出机构，图 a 的推杆与推块采用螺纹连接，复位杆与推杆安装在同一块固定板上。图 b 的推块与推杆无螺纹连接，必须采用图示方式使推块复位。推块实际上成为型腔底板或构成型腔底面大部分，这就对配合面间的加工，特别是非圆形推块的配合面的加工提出了很高要求，推块运动的配合间隙既要小于熔体的溢料间隙，又不能产生过大的摩擦磨损，常常需要在装配时研磨。

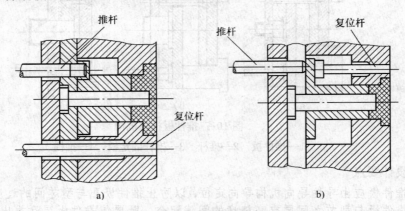

图 10-10 推块机构及复位

10.2.5 成型零件推出机构

成型零件推出机构是利用成型零件，如凹模、镶件等，让它们在推杆的作用下使塑件脱模。这种推出机构是由推块推出机构演变而来，模具结构简单，推出力大而均匀，塑件不易变形。但由于成型零件是型腔的一部分，因此其尺寸精度和表面粗糙度要求较高。

成型零件推出机构如图 10-11 所示。图 a 是利用螺纹型环 3 推出塑件 5，在将其从动模板 2 上推出后，还需要用辅助工具从螺纹型环 3 上取出，取出塑件后，再将型环放入模腔，弹簧可起复位作用。图 b 是利用成型镶件 4 作推出零件，镶件与推杆 1 联在一起，当推杆推顶成型镶件 4 时，即可将塑件 5 从模具中顶出。图 c 是先将活动成型镶件 4 与塑件 5 一起推出模外，然后在镶件上取出塑件，它适用于塑件侧面有凸台或凹槽的情况。图 d 是先将成型镶件 4 固定在模具上，塑件脱模时，它与镶件 4 一起移动一定距离，但不与模具分开，然后人工将塑件 5 从镶件 4 上取下，它适用于塑件侧面有凸台或凹槽的情况。

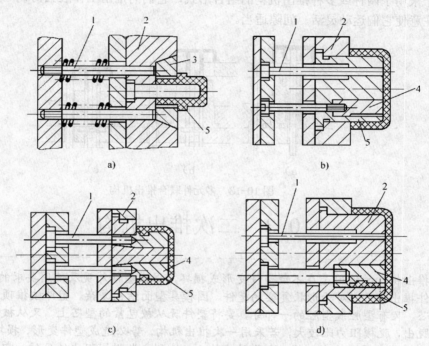

图 10-11　成型零件推出机构

1—推杆　2—动模板　3—螺纹型环　4—成型镶件　5—塑件

10.2.6　气动推出机构

气动推出机构是将压缩空气引入模具与塑件之间，使塑件脱模。模具结构简单，不会在塑件上留下推出痕迹，塑件变形小。且推出机构可设置在动、定模任意一侧，特别适合深腔薄壁类塑件和软质塑料的推出。

图 10-12 所示为气动推出机构，设置有气路和气阀门等。推出过程为塑件固化后开模，通入 0.1～0.4MPa 的压缩空气，将阀门打开，空气进入型芯与塑件之间推出塑件。在气动推出机构中，弹簧力的调节要适当，注意气阀与模具之间的配合，不能漏气。

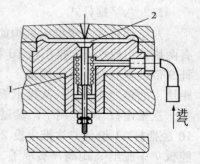

图 10-12　气动推出机构

1—弹簧　2—阀门

10.2.7 多元件联合推出机构

对于形状复杂的塑件，如一些深腔壳体、薄壁制品，以及带有局部环状凸起、凸肋或有金属嵌件的塑件，若只采用一种推出机构，容易使塑件在推出过程中产生变形、翘曲甚至顶破，可采取两种或两种以上的推出机构共同施力，这就是多元件联合推出机构。

如图 10-13a 所示，采用推件板使塑件脱离型腔，采用推杆辅助推出局部深腔处的管状结构，以防止该处产生断裂。图 b 采用推件板使塑件外周壳体脱模，采用推管使中心管状结构脱模。图 c 采用推管使中心管状结构脱模，采用多根推杆推出外周壳体，推杆兼作复位杆。

由于采用了两种或多种推出机构的组合形式，它们的推出工作应当协调一致。安装、调试要注意使它们运动灵活、间隙适当。

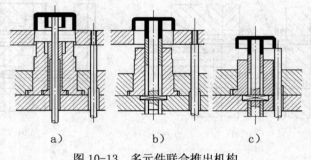

图 10-13　多元件联合推出机构

10.3　二次推出机构

推出机构的作用是在不使塑件变形或损坏，保证塑件外观及使用要求的前提下，将塑件推出模外。对于形状复杂的塑件，因模具型面结构复杂，塑件被推顶的部分既有型芯，又有型腔或型腔的一部分，要将塑件既从被包紧的型芯上，又从被粘附的型腔中脱出，脱模阻力比较大，若采用一次推出机构，势必造成塑件变形、损坏。因此，模具必须设置两套推出机构，分阶段工作，以达到分散脱模阻力的目的。常用的二级推出机构有八字摆杆式、钢球式、斜销滑块式、斜楔滑块式等，并在生产实践中不断创造出新的结构和方法。

1.　八字摆杆式

八字摆杆式二级推出机构如图 10-14 所示，模具有两个对称的呈八字状的摆杆 11，且有两块推出板：一次推出板 10 和二次推出板 2。开模后，注射机推顶一次推出板 10，经推杆 9 带动型腔板 7 移动距离 s_1，实现塑件与型芯 6 的一次推出动作。在此过程中，由于定距块 1 的传力作用，二次推出板 2 和推杆 5 均与型腔板 7 同步。一次推出完成后，摆杆 11 在一次推出板 10 作用下，转过一定角度和二次推出板 2 接触。继续开模时，一次推出板 10 经摆杆 11 迫使二次推出板 2 和推杆 5 产生超前推出动作，使塑件在推杆 5 作用下从型腔板 7 中脱出 s_4 距离，实现了二次推出。

该机构的推出行程、塑件高度和其他有关几何要素之间关系如下：

摆杆转角 a 一般可取 $45°$ ，并且符合 $s_1+s_2 \geqslant h_1$ ；$s_1+s_2=s_3=l_1\sin a+s_0$ ；

超前量 $s_4 \geqslant h_2$ ；$s_4 \approx l_2\sin a-s_0$ ；$s_0=l_2\sin \beta$ ；$l_2=\dfrac{s_0+s_4}{\sin a}$ 。

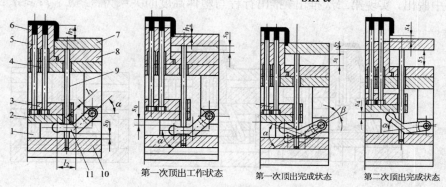

图 10-14　八字摆杆式二级推出机构

1—定距块　2—二次推出板　3—推杆固定板　4—动模垫板　5、9—推杆
6—型芯　7—型腔板　8—型芯固定板　10—一次推出板　11—摆杆

2. 钢球式

钢球式二级推出机构如图 10-15 所示，一次推出靠推出系统推动推板 9，使塑件脱离型芯 10，此时塑件还有一部分留于推板 9 内，因此设特殊结构的推杆 7 实现二次推出。内套筒 3 与推板 9 用卡紧圈 8 连在一起，一次推出时，钢球 6 卧在内套筒 3 与推杆 7 之间，推杆 7 运动，则带动内套筒 3 及推板 9 运动，实现一次推出。当钢球移到外套筒 2 的凹槽处时，钢球被挤到内外套之间，使内套筒 2 不随推杆 7 运动，则推板 9 停止运动，这时推杆 11 将塑件推出推板 9 而脱落。

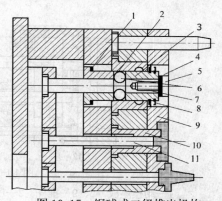

图 10-15　钢球式二级推出机构

1、4—氨酯垫圈　2—外套筒　3—内套筒
5—盖子　6—钢球　7、11—推杆
8—卡紧圈　9—推板　10—型芯

3. 斜销滑块式

斜销滑块式二级推出机构如图 10-16 所示，图 a 是尚未推出状态。开始推出时，推件板 3 和推杆 2 一起将塑件从型芯 1 上刮下，完成一级推出，与此同时，斜销 5 使滑块 6 向模具中心方向移动，如图 b 所示。当滑块 6 的斜面推动推杆 4，进而推动推杆 2，使推杆 2 的运动超前脱件板 3，使塑件从脱件板的凹槽（型腔的一部分）中脱下，完成二级推出，如图 c 所示。

4. 斜楔滑块式

斜楔滑块式二级推出机构如图 10-17 所示，模具开模一定距离后，注射机的推顶装置通过推动底板 12 同时驱动推杆 9 和型腔板 7 移动，使塑件与型芯 8 脱离，实现第一次推出动作。在这次推出中，斜楔 6 推动滑块 4 向模具中心移动。但由于此时滑块 4 与推杆 2 还存在平面接触，推杆 2 保持与推杆 9 及型腔板 7 同步运动。一旦一次推出结束，推杆 2 会坠落在滑块 4 的圆孔中，这样型腔板 7 便停止运动。而推杆 9 继续运动，直到把塑件从型腔板 7 中脱出，实现第二次推出。推出行程与塑件高度的关系为：$\geqslant h_1$；$l_2 \geqslant h_2$；$L = l_1 + l_2$。

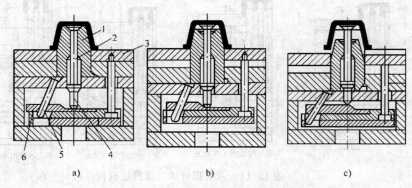

图 10-16　斜销滑块式二级推出机构
1—型芯　2、4—推杆　3—推件板　5—斜销　6—滑块

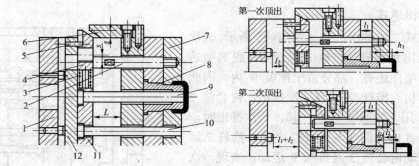

图 10-17　斜楔滑块式二级推出机构
1—动模座板　2、9—推杆　3—压缩弹簧　4—滑块　5—限位销　6—楔紧块　7—型腔板
8—型芯　10—复位杆　11—推杆固定板　12—推板

10.4　定模设推出机构

　　推出机构的作用是在不使塑件变形或损坏，保证塑件外观及使用要求的前提下，将塑件推出模外。由于注塑机的顶出装置设在动模板一侧，所以模具的推出系统大多数是安装在动模内的，但有些塑件因结构的限制，必须将塑件滞留在定模型腔中，如塑料刷子。这时，推出系统需要设置在定模一侧。常用的定模推出机构有弹簧式、拉钩式、杠杆式、链条牵引式几种。

　　1. 弹簧式

　　弹簧式定模推出机构如图 10-18 所示，利用弹簧力使塑件先从定模中脱出，留于动模，然后用动模上的推出机构使塑件推出。该结构紧凑、简单，但弹簧容易失效，用于推出阻力不大和推出距离不长的场合。

258

2. 拉钩式

拉钩式定模推出机构如图 10-19 所示,拉钩 3 安装在动模一侧,挂钩 4 固定在推件板上。开模时,推件板 2 首先与动模分型,当动模 6 移动距离大于或等于塑件高度时,拉钩 3 与挂钩 4 接触并拉动推件板 2 随之运动,将塑件从定模主型芯 9 上脱出,完成定模推出。随后,定距拉杆 10 使推件板 2 停止运动,拉钩 3 的钩子具有斜度并可绕轴转动,因而与挂钩 4 脱开,随动模继续运动,完成开模行程。

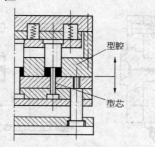

图 10-18 弹簧式定模推出结构

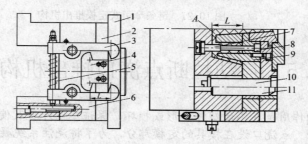

图 10-19 拉钩式定模推出结构

1—定模板 2—推件板 3—拉钩 4—挂钩 5—支承杆 6—动模

7、8、9—型芯 10—定距拉杆 11—导柱

3. 杠杆式

杠杆式定模推出机构如图 10-20 所示,利用杠杆的作用实现定模推出。随着开模动作,动模上的滚轮压动杠杆,使定模推出机构推动塑件并使之留在动模,再由动模推出机构完成塑件的脱模。

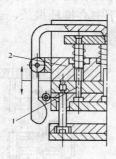

图 10-20 杠杆式定模推出机构

1—型芯 2—型腔板

4. 链条牵引式

链条牵引式定模推出机构如图 10-21 所示，链条牵引机构带动推件板运动，将塑件从定模中脱出。通常需链条 2 根或 4 根，每根链条受力要均衡。另外，还需设连接座，保证合模时链条不被卡住。开模行程等于 L_1+L_3。考虑到注射机的开模行程误差较大，故推出行程 $L_2=L_1+$（10～20）mm。

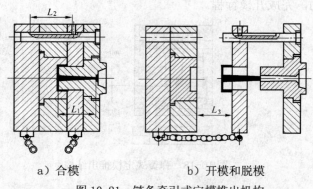

a）合模   b）开模和脱模

图 10-21 链条牵引式定模推出机构

10.5 自动拉断点浇口推出机构

推出机构的作用是在不使塑件变形或损坏，保证塑件外观及使用要求的前提下，将塑件推出模外。点浇口设在模具的定模部分，为了将浇注系统凝料取出，要增加一个分型面，因此又称三板式模具。为适应自动化的要求，常采用点浇口凝料自动拉断推出机构，主要有利用侧凹拉断点浇口、利用拉料杆拉断点浇口、利用定模推板拉断点浇口几种形式。利用这样的结构，实现了浇道凝料与塑件的自动分离。

1. 利用侧凹拉断点浇口

利用侧凹拉断点浇口如图 10-22 所示，利用侧凹和中心推杆将浇注系统凝料推出，在分流道尽头钻一斜孔，开模时，由于斜孔内冷凝塑料的限制，浇注系统凝料在浇口处与塑件拉断，然后由于主流道冷料穴倒锥的作用，钩住浇注系统凝料脱离斜孔，再由中心推杆将浇注系统凝料推出，这种结构由于中心推杆很长，合模后此杆在动模之外，因此注射机移动模板应带有中心推杆孔，以便装模。

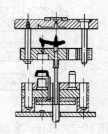

图 10-22 利用侧凹拉断点浇口

2. 利用拉料杆拉断点浇口

利用拉料杆拉断点浇口如图 10-23 所示，模具首先从 A 面分型，在拉料杆 2 的作用下，使浇注系统凝料与塑料切断留于定模一边，待分开一定距离后，型腔 5 接触到限位拉杆 6 的突肩，带动流道推板 3 从 B 面分型，这时浇注系统脱离拉料杆 2 自动脱落。继续开模时，型腔 5 受到限位拉杆 7 的阻碍不能移动，塑件随动模型芯 9 移动，脱离型腔 5，最后在推杆 10 的作用下由推件板 8 将塑件推出。

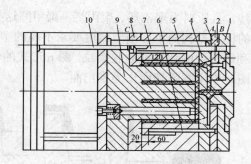

图 10-23 利用拉料杆拉断点浇口

1—定模固定板　2—拉料杆　3—流道推板　4—分流道板　5—型腔　6、7—限位拉杆

8—推件板　9—型芯　10—推杆

3. 利用定模推板拉断点浇口

定模推板拉断点浇口如图 10-24 所示，图 a 是注射结束的状态，经过一段保压时间后，注射机喷嘴退回，此时浇口套在弹簧的作用下后退并与主流道脱开。开模时首先从 A 面分型，移动一段距离后，浇注系统推板在限位螺钉的作用下不动，继续开模，型腔移动，使浇注系统凝料与塑件拉断，而自动脱落，如图 b 所示。

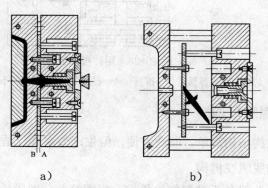

a)   b)

图 10-24　利用定模推板拉断点浇口

10.6 自动卸螺纹推出机构

推出机构的作用是在不使塑件变形或损坏，保证塑件外观及使用要求的前提下，将塑件推出模外。塑件上的内螺纹用螺纹型芯成型，外螺纹用由螺纹型环成型。由于螺纹的特殊性，螺纹部分的模具结构有所不同，其脱出螺纹的方式也各异。

10.6.1 强制脱螺纹机构

当塑件的螺纹较浅，且原料为聚乙烯、聚丙烯、聚甲醛这类弹性塑料时，可采取强制脱螺纹结构。这种形式的模具结构简单，用于精度要求不高的塑件。

图 10-25 所示为利用塑件的弹性强制脱螺纹。图 b 形式的模具结构简单，用于精度要求不高的塑件。应避免图 c 中用圆弧端面作为推出面。

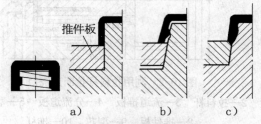

图 10-25　利用塑件弹性脱螺纹

图 10-26 所示为用硅橡胶作螺纹型芯的强制推出机构，开模时，在弹簧作用下芯杆 1 先从硅橡胶螺纹型芯 4 中退出，使硅橡胶收缩，再用推杆将塑件推出。该结构因硅橡胶寿命低，仅用于小批量生产。

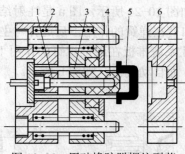

图 10-26　用硅橡胶脱螺纹型芯

1—芯杆　2—弹簧　3—推杆　4—硅橡胶螺纹型芯　5—塑件　6—型腔板

10.6.2 手动脱螺纹机构

手动脱螺纹机构结构简单，制造方便，但生产效率低，适于小批量生产。

1. 模外手动脱螺纹机构

图 10-27 所示为模外手动脱螺纹机构，将螺纹部分做成活动型芯或活动型环随塑件一起推出，然后在机外将它们分开。图 a 所示为活动螺纹型芯结构，图 b 为活动螺纹型环结构。这种形式的模具结构简单，但需增加模外取芯装置。

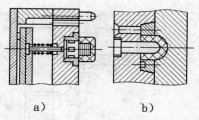

图 10-27 模外手动脱螺纹机构

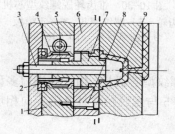

图 10-28 模内手动脱螺纹型芯机构

1—支承板 2—滑键 3—型芯 4、5—螺旋斜齿轮 6—推板 7—螺纹型芯 8—定距螺钉 9—止转槽

2. 模内手动脱螺纹机构

图 10-28 所示为模内设变向机构的手动脱螺纹型芯的结构。当手工转动螺旋斜齿轮 5 时，与它啮合的螺旋斜齿轮 4 通过滑键 2 带动螺纹型芯 7 旋转，由于型芯 3 的顶部设有止转槽 9，螺纹型芯在回转的同时向左移动，便可顺利与塑件脱离，然后模具从 I 处分型，由推板 6 将塑件推出，推出距离由定距螺钉 8 限制。

10.6.3 齿轮齿条脱螺纹机构

1. 直齿轮齿条脱螺纹机构

图 10-29 所示为直齿轮齿条脱出侧向螺纹型芯机构，开模时，齿条导柱 1 带动螺纹型芯 4 旋转并沿套筒螺母 3 做轴向移动，脱离塑件。

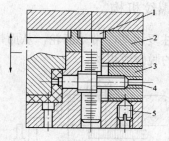

图 10-29 直齿轮齿条脱螺纹机构

1—齿条导柱 2—固定板 3—套筒螺母 4—螺纹型芯 5—紧定螺钉

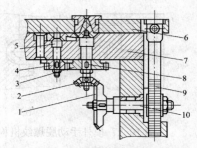

图 10-30　锥齿轮脱螺纹型芯机构

1、2—圆锥齿轮　3、4—直齿轮　5—螺纹型芯　6—定模板　7—动模板　8—螺纹拉料杆
9—齿条导柱　10—传动轴

2.　锥齿轮脱螺纹机构

图 10-30 所示为锥齿轮脱螺纹型芯机构，用于侧浇口多型腔模，螺纹型芯只要作回转运动就可脱出塑件，由于螺纹型芯 5 与螺纹拉料杆 8 的旋向相反，故两者的螺距应相等且做成正反螺纹。

10.6.4　大升角螺纹脱螺纹机构

图 10-31 所示为大升角螺纹脱螺纹型芯机构，在齿轮轴上加工有大升角螺纹，与它配合的螺母固定不动。开模时动模移动，通过大升角螺杆使齿轮轴回转，经齿轮传动，使螺纹型芯脱出。

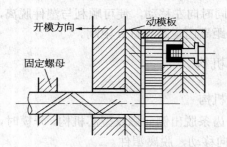

图 10-31　大升角螺纹脱螺纹机构

10.6.5　气、液压驱动的脱螺纹机构

通过液压缸或气缸使齿条往复运动，带动齿轮，从而带动螺纹型芯回转，实现自动脱模，图 10-32 所示为液压驱动的脱螺纹机构。

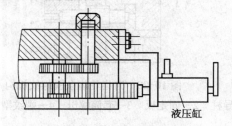

图 10-32　液压驱动的脱螺纹机构

10.6.6　电动机驱动的脱螺纹机构

264

如图 10-33 为电动机驱动的脱螺纹机构，通过电动机和蜗轮、蜗杆，使螺纹型芯回转，实现自动脱螺纹。

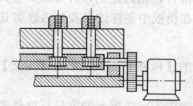

图 10-33　电动机驱动的脱螺纹机构

10.7　EMX7.0 推出机构设计

推出机构中的顶杆与斜顶机构设计主要是由 EMX 标准件装配完成。在顶杆部件加载到模架中以后，需要在型芯零件及动模模板中创建顶杆孔，以便顶杆作推出运动。

10.7.1　在成型零件中创建顶杆孔

顶杆孔特征是一个仅在模具模式中才有的特殊孔特征。它与标准孔特征类似不同之处在于当指定孔的直径时要在与此孔相交的每个板中指定不同的直径，而且该孔以指定的直径和深度被自动加工成沉孔。

在【模具】选项卡的【生产特征】面板中选择【顶杆孔】命令，弹出【顶杆孔：直】对话框和【位置】菜单管理器，如图 10-34 所示。

顶杆孔有与标准孔相同的放置选项：线性、径向、同轴和在点上。如果已将顶杆装配到了模具中，则"同轴"放置可迅速完成孔的放置。此外，如果在模型中孔应被放置处有数个基准点，则可在同一孔特征内同时在每个点上放置孔，图 10-35 所示为在型芯元件中创建的顶杆孔。

图 10-34　创建顶杆孔执行的菜单命令

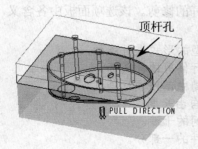

重点

顶针孔特征是一种特殊的孔特征，它与普通孔特征类似，不同的是顶针孔特征需要指定与其相交的元件。顶针孔特征并不适合在尚未产生模具元件前使用。

图 10-35　在型芯中创建的顶杆孔

265

10.7.2 加载顶杆

利于 EMX 提供的顶杆标准件，将选定的顶杆加载到模具模架中。顶杆的加载需要确定几个组件约束，并设置是否在模板中创建切口及是否修剪其头部形状等。

1. 顶杆的加载

在【EMX 工具】选项卡的【顶杆】面板上单击【定义】按钮 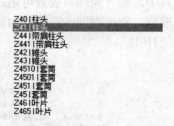，系统弹出【顶杆】窗口，如图 10-36 所示。

【顶杆】窗口中包含有如图 10-37 所示的顶杆标准件类型。

顶杆部件的加载必须完成三个约束操作：点、曲面和方向曲面。在设置顶杆参数并完成三个组件约束操作后，即可将顶杆部件加载进模具中。

- 点：放置顶杆的位置点，也是顶杆的一个轴点。此点用户可以预置。
- 曲面：顶杆头的放置参照曲面。
- 方向曲面：即顶杆放置的方向参考曲面。

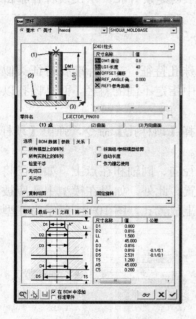

图 10-36　【顶杆】窗口　　　　　　　　　图 10-37　顶杆标准件类型

2. 顶杆的修剪

动模部分模板中的顶杆孔以及顶杆头部形状都是在加载顶杆部件时完成创建的。在【顶杆】窗口的【选项】面板中，可以设置相关选项，完成顶杆的修剪。该选项面板中各含义如下：

- 所有模型上的阵列：勾选此项，顶杆将以模具模型的形式进行阵列。
- 按面组修剪：勾选此项，将按用户选取的面组进行修剪顶杆头部。
- 所有实例上的阵列：勾选此项，将在所有模具布局中创建顶杆阵列。
- **Auto Length**：自动长度。勾选此项，顶杆长度为自由长度。
- 检查干涉：此项用以检查顶杆与其他运动部件之间的干涉。
- 作为镶芯使用：勾选此项可以使顶杆作为成型镶件的一部分。
- 无切口：该选项控制在模板中是否生成切口特征，即顶杆孔特征。

- 无元件：该选项控制是否保留顶杆部件。

10.7.3 加载斜顶机构

斜顶机构用于产品内部倒扣特征位置的脱模。EMX 提供了圆形和方形两种斜顶机构标准件，如图 10-38 所示。

在在【EMX 工具】选项卡的【斜顶机构】面板上单击【定义】按钮 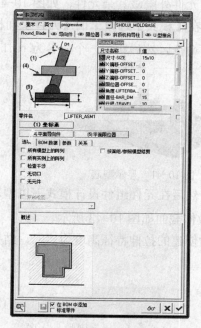，系统弹出【斜顶机构】窗口，如图 10-39 所示。

通过此窗口，用户可以定义斜顶机构的形状与各项尺寸参数，加载斜顶机构需要确定 3 个组件约束：坐标系、平面导向件和平面限位器。

- 坐标系：必须选择模架坐标系。
- 平面导向件：导向件底面与支承块顶面为同一平面。
- 平面限位器：平面限位器也是斜顶滑板底面所在平面，该平面为推件固定板底面。

圆形斜顶

方形斜顶

图 10-38　EMX 斜顶机构

图 10-39　斜顶机构的各项设置参数

10.8　动手操练

　　顶出系统设计是模具设计流程中（仅仅是模具结构与机构设计）最后一项工作了，制件是否能从注塑机上顺利的脱出，并且是平稳的脱出，就要看设计的模具顶出系统是否合理了。下面举例来说明这个问题。

连接座模具的推出机构设计

由于连接座为深腔零件，其成型后的顶出必须使用推板形式，否则导致制件在推出过程中发生变形。本练习的零件模型与模具如图 10-40 所示。

图 10-40　零件模型与模具

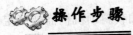操作步骤

01 启动 Creo, 然后创建工作目录。

02 打开本练习的 1jz_moldbase.asm 文件。在模型树中打开 "EX8-1.ASM", 在新窗口中除型芯元件外隐藏其余元件, 如图 10-41 所示。

03 在【模具】选项卡的【元件】面板中依次选择【元件】|【模具元件】|【创建基础元件】命令, 然后新建一个命名为 tuiban 的基础元件, 如图 10-42 所示。

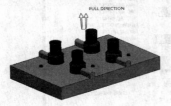

图 10-41　显示型芯

图 10-42　创建新的基础元件

04 然后在元件组件设计模式下以型芯上表面为草绘平面, 创建一个 "拉伸" 实体特征, 其拉伸截面如图 10-43 所示。

05 创建的拉伸特征高度为 "5", 结果如图 10-44 所示。此拉伸实体特征即为推板。

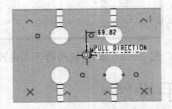

图 10-43　绘制拉伸截面

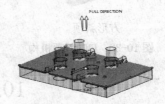

图 10-44　创建的推板

06 关闭新窗口返回到模架设计模式中。使用 "基准点" 工具绘制如图 10-46 所示的 8 个基准点。

重点

同理, 在创建了推板元件后, 从模型树独立打开型芯元件, 然后使用 "拉伸" 工具在型芯元件中创建一个减材料实体特征, 此特征形状与推板特征相同。减除材料后的型芯与推板如图 10-45 所示。

268

图 10-45　型芯与推板

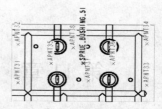

图 10-46　绘制基准点

07 在【EMX 工具】选项卡的【顶杆】面板中单击【定义】按钮，弹出【顶杆】窗口。然后按图 10-47 所示的操作步骤完成顶杆的加载。

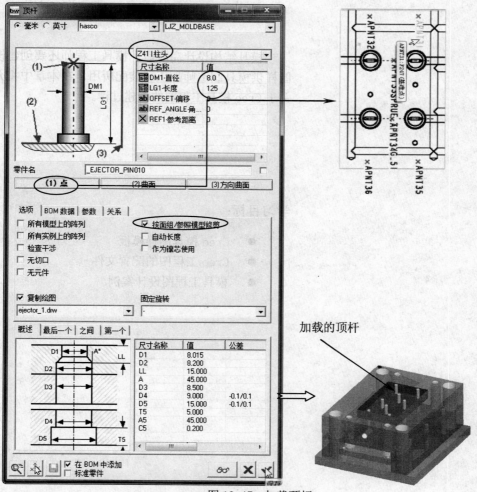

加载的顶杆

图 10-47　加载顶杆

08 单击【文件】工具条中的【保存】按钮💾，保存本例操作的数据。

第 11 章　模具工程图设计方法

模具结构设计完成后，模具工程师还要创建模具图样供模具制造师加工、装配所用。在本章中将介绍关于 Creo 模具工程图的创建过程。

学习目标：

- Creo 模具图样模板
- Creo 工程图的配置文件
- 模具工程图设计案例

11.1 Creo 模具图样模板

使用 Creo 的工程图模块（Drawing），可以创建 Creo 模型的工程图、处理尺寸，以及使用层来管理不同项目的显示。另外，也可以利用有关接口命令，将工程图文件输出到其他 CAD 系统或将文件从其他 CAD 系统输入到工程图模块中。

在工程图中，所有的模型视图都是相关的，即使当修改了某视图的一个尺寸后，系统会自动更新其他相关的视图。更重要的是，Creo 的工程图和它所依赖的模型相关，在工程图中修改的任何尺寸，都会在模型中自动更新。同样，在模型中修改的尺寸也会相关到工程图。这些相关性，不仅仅是尺寸的修改，也包括添加或删除某些特征。

11.1.1 图样的选择与设置

创建工程图首先要选取相应的图样格式，Creo 提供了两种形式的图样格式：系统定义的图样格式和用户自定义的图样格式。

1. 使用模板定义的图样

启动 Creo，在基本环境中的【主页】选项卡上单击【新建】 ，系统弹出【新建】对话框。在【新建】对话框中的【类型】区域内单选【绘图】选项，并在【名称】文本框中输入文件（可以是中文）名称，使用默认模板，单击【确定】按钮，再弹出【新建绘图】对话框，如图 11-1 所示。

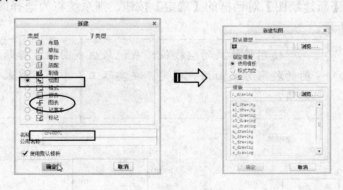

图 11-1　新建制图文件

> Creo 中允许中文路径下的中文名文件导入和输出。这是 Creo 软件针对中国用户的一大变革。这点确实比原来旧版本（Pro/E）要方便很多。

在【默认模型】选项组中单击【浏览】按钮，弹出【打开】对话框，可选择已存在的零（组）件文件，则系统将为选择的零（组）件建立工程图。工程图是按零（组）件造型的默认方式放置的，即在零（组）件造型时的 FRONT 视角作为二维工程图的主视图。

在【新建绘图】对话框的【指定模板】区域中选择【使用模板】单选按钮，在【模板】区域中选择一个默认模板，如图 11-2 所示。

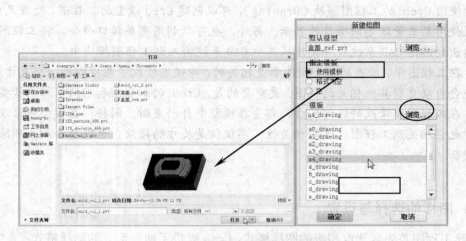

图 11-2 添加原始模型并选择制图模板

2. 使用用户自定义的图样

除了系统系统提供的默认模板外，还可使用用户自定义的模板，这里有两种方式：

（1）【格式为空】模板：在【新建绘图】对话框的【指定模板】选项组中单击【格式为空】单选按钮，并在【格式】选项组中单击【浏览】按钮，弹出【打开】对话框，在对话框中显示了 Creo 自带的图样模板文件（文件扩展名为 *.frm），将用户已经设置好的图样模板文件调入。再单击【新建绘图】对话框的【确定】按钮，则系统将为选择的零（组）件建立工程图，如图 11-3 所示。

重点

　　使用带格式的空模板，系统只生成图框、标题栏等，二维工程图的投影方式由用户确定。在实际工作中，经常采用【格式为空】选项。

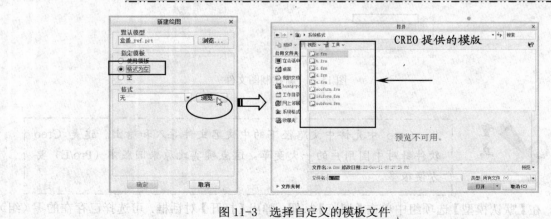

图 11-3 选择自定义的模板文件

（2）【空】模板：在【新建绘图】对话框的【指定模板】选项组中单选【空】选项，随后对话框中显示【方向】选项组和【大小】选项组。

在【方向】选项组中单击【横向】按钮，设置图样为水平放置，单击【纵向】按钮，则表明图样为竖直放置。可在【标准大小】下拉列表框中选择图样的大小。

如果需要自己定义图样的尺寸，则在【方向】选项组中单击【可变】按钮，此时的【大小】选项组中的尺寸编辑文本框被激活，如图 11-4 所示。

在尺寸编辑框中输入工程图样的尺寸，尺寸的单位有【英寸】和【毫米】。用户可通过选择相应的单选项，确定尺寸单位。

使用空模板，Creo 只生成带幅面的图样，二维工程图的投影方式由用户确定。

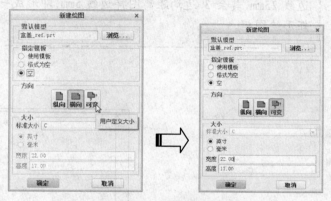

图 11-4　编辑自定义的模板尺寸

11.1.2　图样模板的生成

在创建工程图时,使用统一的模板可以减少图样空间的设定、标题栏的绘制等重复的劳动,从而大大提高绘图效率。使用 Creo 生成工程图时, 由于 Creo 提供的图样模板为美国或欧洲的制图标准,不一定符合我国的国家标准,而我国各工业部门还有行业标准,所以在绘制工程图时要根据绘图的需要, 建立相应的图样模板。

在 Creo 中建立图样模板是很容易的,下面介绍创建一个 A3 幅面图样模板。

操作步骤如下:

01 在工具栏上单击【创建新对象】按钮 □,系统弹出【新建】对话框。在【新建】对话框中的【类型】区域内单选【格式】选项,并在名称文本框内输入文件名称【GB_A3】,单击确定按钮,再弹出【新格式】对话框,如图 11-5 所示。

图 11-5　创建新对象

02 在【新格式】对话框的【指定模板】选项组中单选【空】选项，在【方向】选项卡组单击【横向】按钮，设置图样为水平放置，再单击【大小】选项组中的【标准大小】下拉按钮 ，在弹出的下拉列表中选择 A3 选项，最后单击【确定】按钮进入图样模板设计模式，如图 11-6 所示。

03 此时图样模式下只有图样的边界线（420×297），在此基础上可以绘制工程图的边框。在【草绘】选项卡的【草绘】面板中单击【线】按钮＼，然后在草绘设计模式中绘制工程图的边框，如图 11-7 所示。

> 重点　　我国的标准工程图 A3 的边框线为左端装订，边框线距离图样边线 25mm，其余 3 边均距离图样边线 5mm，即形成一个 390×287 的矩形绘图框。

图 11-6　选择图样尺寸

图 11-7　绘制完成的图样边框

04 在【表】选项卡的【表】面板中选择【表】|【插入表】命令，弹出【插入表】对话框。然后在对话框中设置如图 11-8 所示的选项。

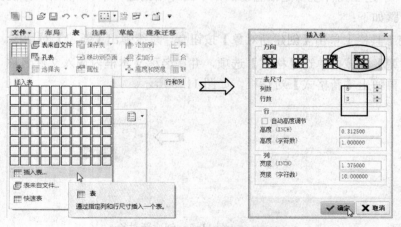

图 11-8　打开【插入表】对话框

05 单击【插入】对话框的【确定】按钮后，再在矩形绘图框右下角绘制一个标准的标题栏，用户根据需要加入标题栏详细内容，完成后的图样模板如图 11-9 所示。

06 在工具栏上单击【保存活动对象】按钮 🖫，保存生成的图样模板。以后绘制工程图时就可直接调用此图样模板。

以后在工程图模式下调用此模板时，模板的各线条不能在工程图模式下修改，而只能回到图样模板【格式】下才能修改模板。不过由于使用单一数据库，相应的工程图也会由于模板的修改而自动更改。

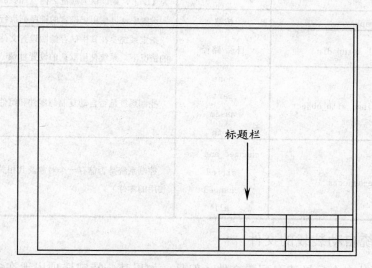

标题栏

图 11-9　绘制的标题栏

11.2　Creo 工程图的配置文件

使用 Creo 配置文件，可通过指定环境选项和其他全局设置的初始值，来定制工作环境。例如，可设置开或关铃声，可选取合适的背景色或将模型显示设置为隐藏线模式。某些配置文件选项是不可以进行追溯操作的。例如，创建模型时可使用配置文件选项定义尺寸公差的值及其格式，但不能使用上述选项改变已经存在于模型及其绘图中的尺寸公差的值和格式，所以应事先定制配置文件。

11.2.1 配置文件选项

表 11-1 列出了一些影响绘图外观的配置文件选项。有关 Creo 中可用配置文件选项的完整列表，请参见 "PTC 帮助"。

表 11-1　影响绘图的配置文件选项

选项	值	说明
drawing_file_editor	editor protab	设置用来编辑绘图设置文件（.dtl）的编辑器
drawing_setup_file	filename.dtl	使系统指向包含绘图设置参数的文件。所有新绘图使用此文件作为默认设置文件
draw_models_read_only	no yes	使模型（零件或组件）在绘图中为只读
draw_points_in_model_units	no yes	如果设置为【yes】，系统定义当前绘图坐标为模型单位，而不用绘图单位
dwg_select_across_pick_box	no yes	从【选出多个】(PICK MANY) 菜单控制默认选项。如果设置为【yes】，则默认为穿过线框（Across Box）。如果设置为【no】，则默认为线框之内（Inside Box）
mapkey	按键	设置宏，以使用已确定的键序列执行一组命令
pro_dtl_setup_dir	目录 路径	指定系统要在其中储存绘图设置文件的目录。在没有设置的情况下，系统使用默认的设置目录
rename_drawings_with_object	none part assem both	控制系统是否自动复制与零件和组件相关的绘图
save_objects	changed_and_spe cified changed all	控制系统是否储存一个对象及其相关对象（比如在组件中使用的零件）。

11.2.2 系统自动装载的文件

Creo 可从多个目录读取配置文件。但是，如果某一特定选项出现在多个配置文件中，那么它将使用最新值。当系统初始启动时，将从如下目录中，按所列出的顺序，读取配置文件：装载点/文本目录中的 **Config.sup**（这是 Creo 的安装目录）：通常只有系统系统管理员能够改变此文件中的选项，因为它们一般是公司标准，不能用其他配置文件覆盖。使用此文件，可为所有用户锁定某些要求。

装载点/文本目录中的 Config.pro（这是 Creo 的安装目录）：系统系统管理员也可用此文件，将全局搜索路径设置为库目录。其他配置文件可覆盖此文件中的选项。

根目录中的 Config.pro ： 此文件在根目录中。如果系统在此文件中遇到与装载点文件 config.pro 相同的选项，那么系统将使用此选项，而覆盖其他文件中的选项。

当前目录中的 Config.pro ：此文件位于 Creo 的启动目录中。如果系统在这个文件里遇到与装载点目录或根目录中的 config.pro 相同的选项，那么系统使用此选项，而覆盖其他选项。

　　　　如果未在这些配置文件中设置选项，那么系统将使用该选项的默认值。

11.2.3 编辑配置文件

Creo 是可以根据不同文件指定不同的配置文件以及工程图格式的。配置文件指定了图样中一些内容的通用特征，如尺寸和注释的文本高度、文本方向、几何公差的标准、字体属性、制图标准、和箭头的长度等。

虽然系统规定了配置文件内容的默认选项，但用户仍然可以利用配置文件自己进行定义，并保存在硬盘中，备其他文件使用。配置文件默认的文件后缀为【*.dtl】。可以在 config.pro 文件中来指定 drawing 配置文件的路径以及名称。如果没有指定配置文件，系统会利用默认的配置文件。

如果购买了 Creo/DETAIL 模块，则可以根据不同的使用标准【DIN、ISO 和 JIS】来指定简单的配置文件，文件的位置为：安装目录/text/下的三个文件 【din.dtl】、【iso.dtl】和【jis.dtl】。

可以使用上面的文件来作为工程图的配置文件。中国用户可以使用 iso.dtl。

1.　确定进程所加载的默认配置文件的路径

首先启动 Creo，然后在基本环境模式中进行配置文件的编辑。

在基本环境模式的【主页】选项卡中单击【选择工作目录】，将【我的文档】文件夹设置为工作目录。在此工作目录中已经包含有 Creo 的 config.pr 文件，如图 11-10 所示。

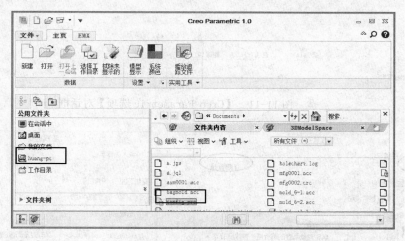

图 11-10 设置工作目录

工作目录设置后，在【文件】选项卡中选择【选项】命令，在随后弹出的【Creo Parametric 选项】对话框的左下角单击【导出配置】按钮，即可打开 config.pro 文件所在的路径（工作目录），如图 11-11 所示。

2.　创建一个定制的配置文件

在【排序】下拉列表中选取【按类别】选项。然后单击【查找】按钮，弹出【查找选项】对话框，在对话框中输入要查找的关键字 draw，并单击【立即查找】按钮，系统自动将搜索的选项收集在选项列表框中。

取 draw_models_read_only 选项，从【设置值】列表框中选择 yes 作为其值，然后再单击【添加/更改】按钮，完成配置选项的添加，如图 11-12 所示。

图 11-11　【Creo Parametric 选项】对话框

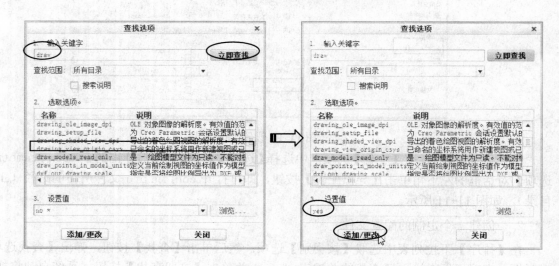

图 11-12　添加配置文件选项

加配置文件选项后，可使用下列选项来应用和保存选项：

单击【确定】按钮保存配置文件，将更改应用到进程并关闭窗口。

单击【应用】按钮保存并应用文件更改。

单击【关闭】按钮 关闭窗口，不保存文件，也不应用更改。

在工作目录中找到 config.pro 文件，并用记事本打开，注意最后一行，即为添加的配置文件选项。也可以在文本编辑器中编辑配置文件。<0} {0}<} 100 {}新选项会依次添加到配置文件中，如图 11-13 所示。

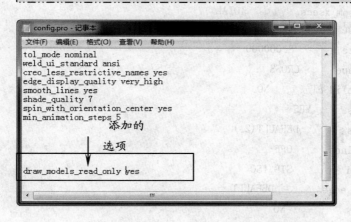

图 11-13   config.pro 文件中添加的选项

下面是比较符合国家标准的工程制图的配置文件。在此配置文件中，前面小写英文字母为配置文件的选项，后面数字或大写英文字母为各选项的值。

控制与其他选项无关的文本

drawing_text_height	3.500000
text_thickness	0
text_width_factor	0.850000

控制视图与它们的注释

broken_view_offset	5.000000
create_area_unfold_segmented	YES
def_view_text_height	3.5
def_view_text_thickness	0.000000
detail_circle_line_style	PHANTOMFONT
detail_view_circle	ON
half_view_line	SYMMETRY
projection_type	FIRST_ANGLE
show_total_unfold_seam	YES
view_note	STD_DIN
view_scale_denominator	1

控制横截面与它们的箭头

| crossec_arrow_length | 5 |

crossec_arrow_style   HEAD_ONLINE
crossec_arrow_width   2
crossec_text_place   ABOVE_TAIL
cutting_line   STD_ISO
cutting_line_adapt   NO
cutting_line_segment   6
draw_cosms_in_area_xsec   NO
remove_cosms_from_xsecs   TOTAL

控制在视图中显示的实体

datum_point_size   8.000000
datum_point_shape   CROSS
hlr_for_pipe_solid_cl   NO
hlr_for_threads   YES
location_radius   DEFAULT(2.)
mesh_surface_lines   OFF
thread_standard   STD_ISO
hidden_tangent_edges   DEFAULT
ref_des_display   NO

控制尺寸

allow_3d_dimensions   YES
angdim_text_orientation   HORIZONTAL
associative_dimensioning   YES
blank_zero_tolerance   YES
chamfer_45deg_leader_style   STD_ISO
clip_dimensions   YES
clip_dim_arrow_style   NONE
default_dim_elbows   YES
dim_leader_length   5.000000
dim_text_gap   1.300000
draft_scale   1.000000
draw_ang_units   ANG_DEG
draw_ang_unit_trail_zeros   YES
dual_digits_diff   1
dual_dimension_brackets   YES
dual_dimensioning   NO
dual_secondary_units   INCH
iso_ordinate_delta   YES
lead_trail_zeros   STD_METRIC
ord_dim_standard   STD_ISO

orddim_text_orientation   PARALLEL

parallel_dim_placement   ABOVE

shrinkage_value_display   PERCENT_SHRINK

text_orientation   PARALLEL_DIAM_HORIZ

tol_display no tol_text_height_factor   0.600000

tol_text_width_factor   0.600000

witness_line_delta   1.500000

witness_line_offset   1.000000

控制控制文本和线型

default_font   font

控制方向指引和控制轴

draw_arrow_length   3.500000

draw_arrow_style   FILLED

dim_dot_box_style   DEFAULT

draw_arrow_width   1.500000

draw_attach_sym_height   DEFAULT

draw_attach_sym_width   DEFAULT

draw_dot_diameter   1.000000

leader_elbow_length   6.000000

axis_interior_clipping   NO

axis_line_offset   5.000000

circle_axis_offset   4.000000

radial_pattern_axis_circle   YES

控制几何公差信息

gtol_datums   STD_ISO_JIS

gtol_dim_placement   ON_BOTTOM

new_iso_set_datums   YES

asme_dtm_on_dia_dim_gtol   ON_GTOL

控制表、重复区域、材料清单球标

dash_supp_dims_in_region   YES

def_bom_balloon_leader_sym   FILLED_DOT

model_digits_in_region   NO

show_cbl_term_in_region   YES

控制层

draw_layer_overrides_model   NO

ignore_model_layer_status   YES

控制模型网格

model_grid_balloon_size   4.000000

model_grid_neg_prefix   【-】（前缀）

281

model_grid_num_dig_display   0

model_grid_offset   DEFAULT

控制理论管道折弯交截

show_pipe_theor_cl_pts   BEND_CL

pipe_pt_shape CROSS pipe_pt_size   DEFAULT

控制尺寸公差

decimal_marker   COMMA_FOR_METRIC_DUAL

drawing_units   MM

line_style_standard   STD_ANSI

max_balloon_radius   0.000000

min_balloon_radius   0.000000

node_radius   DEFAULT

sym_flip_rotated_text   NO

weld_symbol_standard   STD_ISO y

es_no_parameter_display   TRUE_FALSE

default_pipe_bend_note   NO

> 上述选项最好是在绘图模式中，右键单击模板的空白处，选择右键菜单中的【属性】命令，再在弹出的【文件属性】菜单管理器中单击【绘图选项】命令，即可弹出配置文件中绘图选项。

11.3 动手操练

在实际工程设计中，注塑模具设计完成后需出图，所出的工程图中将主要包括：模具定、动模仁的 2D 图；抽芯滑块零件 2D 图；镶件 2D 图；用于线切割的模具模板2D 图等。

接下来以注塑模具的定、动模仁为例，建立 2D 工程图。如图 11-14 所示，此图为工程图的原始模型图。

图 11-14 注射模具的定、动模仁

11.3.1 创建定模仁工程图

在机械工程图中，三视图是最重要的视图，它反映了零件的大部分信息。在三视图中,主视图可以使用 Creo 的一般视图来建立,俯视图和左视图可以使用投影视图来建立。

操作步骤

1. 设置工作目录

启动 Creo,将工作目录设置在原始模型文件夹中。然后从光盘中打开本练习模型文件 cavity.prt。

2. 创建工程图参照基准平面

01 在【模型】选项卡的【基准】面板中选择【默认坐标系】命令,创建一个基于模型中心的参考坐标系,如图 11-15 所示。

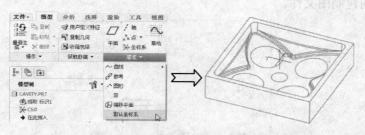

图 11-15　创建默认坐标系

02 单击【平面】按钮□,弹出【基准平面】对话框,在绘图区中选取零件坐标系作为参照,系统默认创建一个 X 方向上的参照平面,再单击【确定】按钮完成新基准平面的创建,如图 11-16 所示。

重点

> 　　从工作目录中打开的定模仁模型可看见,这里没有参照基准平面,这在创建工程图的剖视图时极不方便。因此,应视模型的形状需要创建多少个剖面才能正确地表达零件,那么就要创建多少个基准平面。本例的定、动模仁结构较简单,只需两个剖面就能完全表达模型结构。

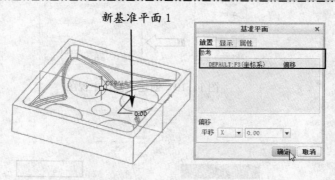

图 11-16　创建基准平面 1

03 同理,再创建一个选择两条棱边作为参考的基准平面 2,如图 11-17 所示。

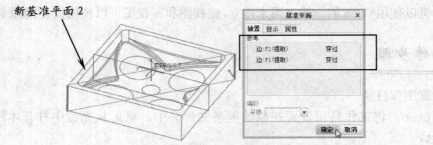

图 11-17　创建基准平面 2

3. 新建制图文件

在快速访问工具栏上单击【新建】按钮 □ ，系统弹出【新建】对话框。然后按如图 11-18 所示的设置来创建制图文件。

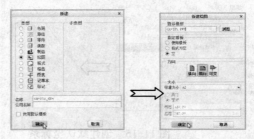

图 11-18　新建制图文件

4. 创建主视图及投影视图

01 在制图模式界面中单击右键，在弹出的快捷菜单中单击【插入普通视图】命令，弹出【选择组合状态】对话框，保留默认设置单击【确定】按钮关闭对话框，如图 11-19 所示。

02 在界面内（不超过图框）选取一点作为视图的中心点，此时系统自动弹出【绘图视图】对话框。在对话框的【默认方向】下拉列表中选择【用户定义】选项，在制图界面中插入的默认视图自动转变为主视图，如图 11-20 所示。

图 11-19　创建定模仁主视图

图 11-20　设置视图方向

03 在【类别】列表中选择【视图显示】类型，在弹出的【视图显示选项】选项卡的【显示线形】下拉列表中选择【线框】，制图界面中视图由着色显示转变为线框显示，再单击对话框的【关闭】按钮完成视图插入操作，如图 11-21 所示。

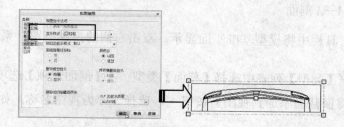

图 11-21　更改视图的显示类型

　　创建主视图后，主视图中出现红色的虚线边框，意味着视图处于激活状态，可再次进行视图编辑操作。

04 在主视图处于激活状态下，单击右键并选择快捷菜单中的【插入投影视图】命令，接着在主视图的下方放置模型的俯视图，在主视图的右边放置模型的侧视图。

　　但插入的两个视图为着色显示，双击俯视图，在弹出的【绘图视图】对话框中将视图的显示类型设置为【线框】，关闭对话框的【关闭】按钮完成俯视图的显示更改。同理，将侧视图的着色显示也更改为线框显示，如图 11-22 所示。

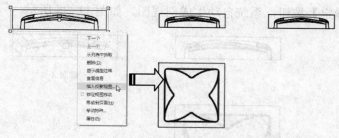

图 11-22　插入投影视图

　　有时各视图之间的位置并不适宜尺寸的标注和注释，需要重新布置视图的位置。在制图界面的右键快捷菜单中单击【锁定视图移动】命令后，如图 11-23 所示。激活三视图中的其中之一，就可将视图平移至合适了。

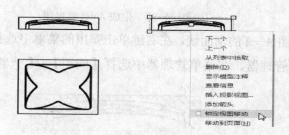

图 11-23　取消视图移动的锁定

285

5. 建立剖视图

一幅完整的 3D 模型二维工程图中应包括模型的剖视图,这是为了能清楚地表达模型的内部结构特征。

（1）创建 A—A 剖面

01 在前导工具栏中将模型基准平面显示。双击右侧的投影视图,系统弹出【绘图视图】对话框。

02 在对话框【类型】列表中选择【截面】类型。在【剖面选项】选项卡中单选【2D 截面】选项,再单击【将横截面添加到视图】按钮 **+** ,选择 A 作为视图名称,如图 11-24 所示。

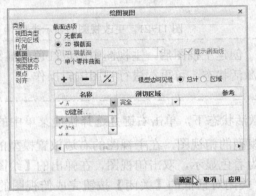

图 11-24　创建剖视图所设置的选项

03 单击【确定】按钮,系统自动生成剖视图,如图 11-25 所示。

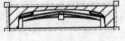

截面 A-A

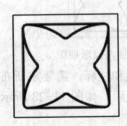

图 11-25　生成 A—A 剖视图

04 选中剖面视图 A—A 的剖面线,在右键单击弹出的菜单中选择【属性】命令,系统弹出【修改剖面线】菜单管理器,在菜单管理器中选择【间距】|【一半】命令,剖切线修改结果如图 11-26 所示。

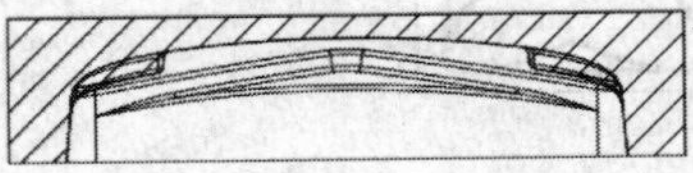

截面 A-A

图 11-26　修改 A—A 剖视图的剖面线密度

（2）创建 *B—B* 剖面　按照创建主视图的方法来创建 *B—B* 剖视图。

01 在俯视图右边空白处单击右键，在弹出的快捷菜单中单击【插入普通视图】命令，弹出【选择组合状态】对话框，然后单击【确定】按钮，如图 11-27 所示。

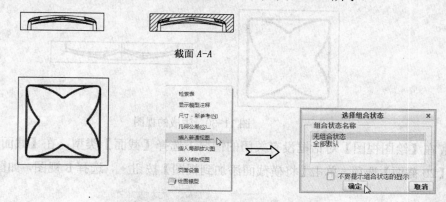

截面 *A-A*

图 11-27　执行【插入普通视图】命令

02 在图框中选择视图放置点后，此时系统自动弹出【绘图视图】对话框。在【视图类型】的【视图方向】选项卡中单选【几何参照】选项，并选择 DTM2 基准平面作为前面曲面，选择俯视图中的一个平面作为顶曲面，如图 11-28 所示。

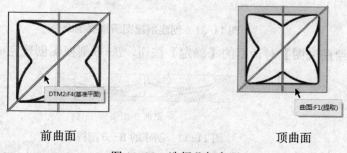

前曲面　　　　　　　　　　　　　　顶曲面

图 11-28　选择几何参照

03 选择的两个几何参照曲面自动显示在参照收集器中，如图 11-29 所示。

04 在对话框中设置视图的显示状态为【线框】显示。再单击【应用】按钮完成视图插入，如图 11-30 所示。

图 11-29　【绘图视图】对话框

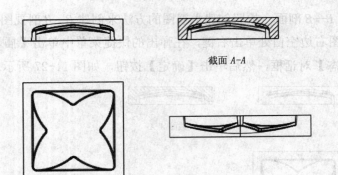

截面 A-A

图 11-30　生成的视图

05 在【绘图视图】对话框没有关闭的情况下选择【截面】类型，在【截面选项】选项卡中单选【2D 截面】选项，单击【将横截面添加到视图】按钮 + ，选择 B 视图，如图 11-31 所示。

图 11-31　创建剖视图所选择的命令

06 单击【绘图视图】对话框的【确定】按钮，B—B 剖视图创建完成，如图 11-32 所示。

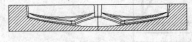

截面 B-B

图 11-32　创建的 B—B 剖视图

07 选中 B—B 剖视图，在右键菜单中单击【添加箭头】命令，选择俯视图作为投影箭头的放置视图，系统在俯视图中自动生成投影箭头。

08 同理，添加 A—A 剖视图的投影箭头，投影箭头完成的效果如图 11-33 所示。

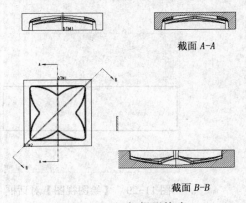

截面 A-A

截面 B-B

图 11-33　添加投影箭头

6. 建立详细视图

当零件视图中有过小的形状区域时，是不便于尺寸标注的，这需要作局部放大图即详细视图，以便清晰地观察。

01 在【布局】选项卡的【模型视图】面板中单击【详细】按钮 🔍，然后按信息提示在主视图的边角区域有过小特征线条处设置点，如图 11-34 所示。

02 中心点放置后，在中心点外围手工绘制如图 11-35 所示的封闭区域轮廓，并以中键结束草绘操作。

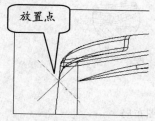

图 11-34　放置查看区域中心点

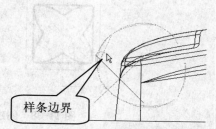

图 11-35　绘制查看区域样条边界

03 轮廓绘制完成后单击左键以确认，此时在单击位置处生成一个绘制轮廓放大的视图，并拖动此详细视图至模板合适位置，如图 11-36 所示。

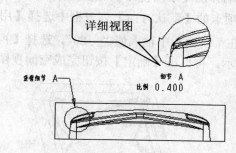

图 11-36　创建的详细视图与父项视图

04 双击详细视图，在弹出的【绘图视图】对话框中单击【比例】类型，输入定制比例值为 "1"，再单击【确定】按钮完成详细视图的比例调整，如图 11-37 所示。

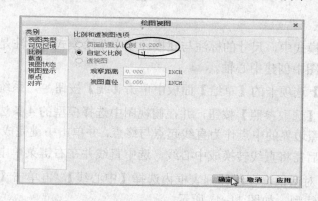

图 11-37　调整视图比例

289

05 同理，在 *A—A* 剖面图中也创建一个详细视图，最终完成的详细视图布局如图 11-38 所示。

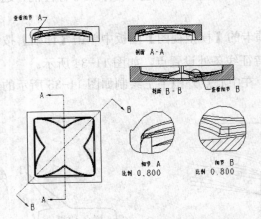

图 11-38　创建完成的视图布局

7. 插入自定义的空间视图

01 在图样模板空白处单击右键，在弹出的快捷菜单中选择【插入普通视图】命令，选择视图放置点后，此时系统自动弹出【绘图视图】对话框。

02 在【视图方向】选项卡的【默认方向】列表框中选择【用户定义】选项，并在下面的 X 角度框中输入值 "230"，在 Y 角度框中输入值 "—20"，选择【视图显示】类型后，将视图的显示状态设置为【线框】显示。再单击【确定】按钮完成空间视图的插入，如图 11-39 所示。

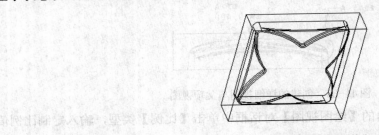

图 11-39　插入的空间视图

8. 尺寸的标注

在 Creo 绘图模式中，尺寸的标注与建模环境中草绘模式的标注是一样的。为了便于尺寸的标注，需要在视图中创建中心轴。

01 在【草绘】选项卡的【草绘】面板中单击【线】按钮╲，系统弹出【捕捉参照】对话框，单击对话框的【选取参照】按钮，并在俯视图中选择模型的 4 条边界作为参照，接着关闭该对话框。捕捉参照边界的中点作为直线起点与终点，并单击中键完成绘制，如图 11-40 所示。

02 直线绘制后需将直线转换成中心线。选中直线并在右键菜单中单击【线造型】命令，弹出【修改线体】对话框，在线体列表框内选择【中心线】，再单击【应用】按钮，直线线型自动转变为中心线线型，如图 11-41 所示。

03 同理，在图样模板中创建出其余的中心线。

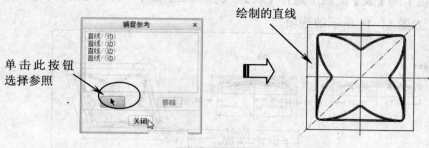

图 11-40　绘制直线

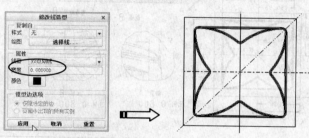

图 11-41　更改线型

04 在【注释】选项卡的【注释】面板上单击【参考尺寸】按钮 ，系统弹出【依附类型】菜单管理器和【选取】对话框，如图 11-42 所示。

图 11-42　【依附类型】菜单管理器

【依附类型】菜单中各命令的含义如下：

图元上：选择直线或端点建立尺寸。

在曲面上：选择图元创建尺寸标注。

中点：以线段的中点为尺寸标注端点。

中间：以圆弧的中心为尺寸标注端点。

求交：以交点为尺寸标注端点。

做线：制作尺寸延长线。

05 在【依附类型】菜单管理器中选择适用于各种标注的相关命令，然后在绘图区中选择相应的图素标注尺寸，标注的方法与草绘图中的标注方法类似。

06 单击鼠标中键，结束标注，系统将自动为选择的图素添加标注，如图 11-43 所示。

9．制作表格

表格或标题栏是用来对图样编号、零件的工艺与质量等一系列的参数作统计说明的。

01 在【表】选项卡的【表】面板中选择【表】|【插入表】命令，弹出【插入表】对话框。然后在对话框中设置如图 11-44 所示的选项。

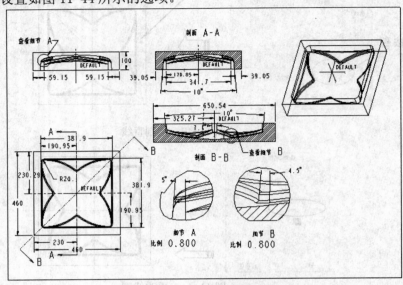

图 11-43　标注的模型尺寸

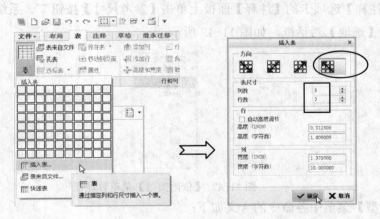

图 11-44　打开【插入表】对话框

02 单击【插入表】对话框的【确定】按钮后，再在矩形绘图框右下角绘制一个标准的标题栏，用户根据需要加入标题栏详细内容，完成后的表格如图 11-45 所示。

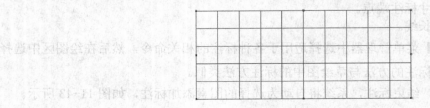

图 11-45　生成的表格

03 选中所有的表格，在右键弹出的菜单中单击【高度和宽度】命令，系统弹出【高度和宽度】对话框，在此对话框中可根据要求任意修改行高与列宽，完成修改后单击【确定】按钮结束表格修改操作，如图 11-46 所示。

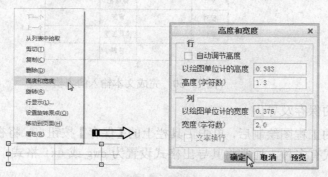

图 11-46　修改表格的行高与列宽

04 按住 Ctrl 键选取要合并的单元格，在【表】选项卡的【行与列】面板中单击【合并单元格】按钮█，完成合并。相反，若要拆分单元格，再选择【取消合并单元格】命令即可。表格中合并完成的单元格如图 11-47 所示。

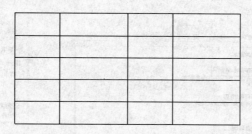

图 11-47　合并单元格后的表格

05 选中需要输入文本的单元格，在右键菜单中单击【属性】命令，系统弹出【注释属性】对话框。在对话框的【文本】标签的文本框中输入文本，如图 11-48 所示。再单击【文本样式】标签，在弹出各选项卡中设置文本的样式，如图 11-49 所示，完成文本样式设置后单击对话框的【确定】按钮，完成单元格文本的输入。

图 11-48　输入文本

图 11-49　设置文本样式

06 继续在其他单元格中输入文本，最终表格中完成的文本输入如图 11-50 所示。

设计		标准化	
校对		审定	
审核		模具工艺	
工艺		日期	

图 11-50　完成文本输入的表格

10. 工程图的保存及导出

完成定模仁的工程图绘制后，单击工具栏上的【保存】按钮🖫，将视图保存到工作目录中。工程图的导出格式有多种，通常将其导出格式设置为 dwg 或 dxf 格式，这两种格式为 AutoCAD 的通用格式。

在【文件】选项卡选择【另存为】|【保存副本】命令，在弹出的【保存副本】对话框中的【类型】列表中选择 DWG（*.dwg）作为导出格式，单击【确定】按钮，系统再弹出【DWG 的输出环境】对话框，在此对话框可根据需要来设置输出文件的参数。设置完成后，单击【确定】按钮，完成工程图的导出，如图 11-51 所示。

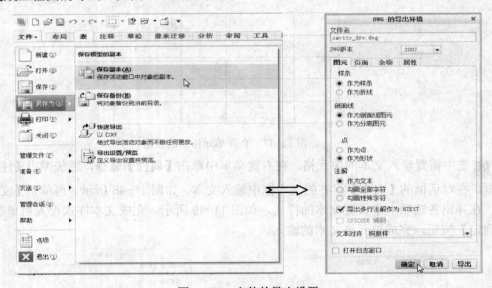

图 11-51　文件的导出设置

11.3.2 创建动模仁工程图

动模仁的工程图的绘制与定模仁是完全一样的，接下来简单地介绍一下动模仁工程图的建立过程。

1. 打开参照模型

在零件设计环境界面中打开工作目录中动模仁零件文件。

2. 创建工程图参照基准平面

从工作目录中打开的动模仁模型可以看见，这里也没有参照基准平面，需要创建基准平面以此作为剖视图的参考面。

01 单击工具条中的【基准平面工具】按钮▱，系统弹出【基准平面】对话框，在动模仁上选择一个侧面作为参照，并输入偏移距离为【—230】，再单击【确定】按钮完成 DTM1 基准平面的创建，如图 11-52 所示。

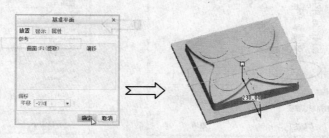

图 11-52　创建基准平面 DTM1

02 单击工具条中的【基准平面工具】按钮▱，系统弹出【基准平面】对话框，在模型上选取两个对角的棱边作为基准平面创建的参照，再单击【确定】按钮完成 DTM2 基准平面的创建，如图 11-53 所示。

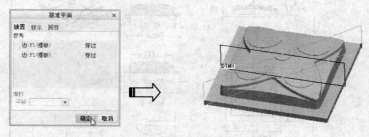

图 11-53　创建基准平面 DTM2

3. 新建制图文件

01 单击【新建】按钮▯，弹出【新建】对话框。在【新建】对话框中的【类型】区域内单选【绘图】选项，并在【名称】文本框中输入文件名称 core_drw，取消【使用默认模板】的勾选，单击【确定】按钮，再弹出【新建绘图】对话框。

02 在【新建绘图】对话框的【指定模板】选项卡中单选【使用模板】选项，在【方向】选项卡中单击【横向】按钮，设置图样为水平放置，单击【大小】选项卡中的【标准大小】下拉按钮▾，在弹出的下拉列表中选择【a3_drwing】选项，最后单击【确定】按钮进入图样模板设计模式，如图 11-54 所示。

4. 视图的创建及尺寸标注

与定模仁工程视图的创建方法一样，创建出动模仁的工程视图，并标注出动模仁零件尺寸，动模仁工程图的创建过程就不过多叙述了，读者可参考定模仁工程视图的创建过程来自行完成。

最终创建完成的动模仁工程图如图 11-55 所示。

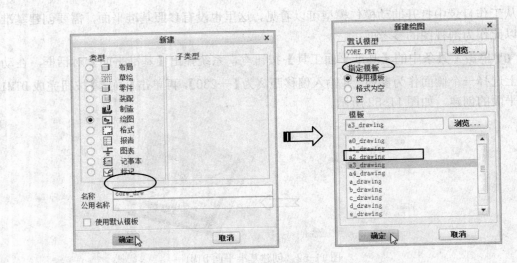

图 11-54　新建制图文件

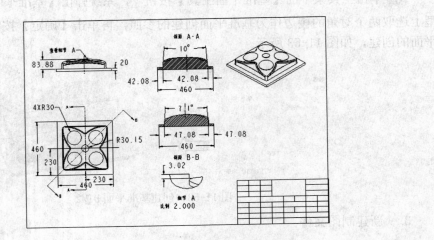

图 11-55　动模仁零件工程图